インプレス R&D ［NextPublishing］

New Thinking and New Ways
E-Book / Print Book

初めての Webサーバ「Apache」

大津 真 著

CentOS 7 編

初心者でも安心して
Webサーバ環境を
構築できる

はじめに

　インターネットの利用目的として、まず最初に電子メールと並んでWebブラウジングが挙げられることに異存がある方はいないでしょう。そのWebの土台を支える存在がWebサーバです。Webブラウザからのリクエストにより、Webページをレスポンスとして返すのがその主な役割です。

　本書で解説するApache（アパッチ）は、現在最も普及しているオープンソースのWebサーバ・ソフトウエアです。CGIプログラムやSSI、PHPなどの動的コンテンツはもちろん、バーチャルホストやユーザ認証機能などWebサーバに必要な機能を全て兼ね備え、Webの安定した運用が可能です。

　本書は、CentOS 7を使用してWebサーバ「Apache」を立ち上げたいという方の最初の道しるべとなることを目指した解説書です。現在Apacheはさまざまなプラットフォーム上で動作しますが、設定ファイルの内容やディレクトリ構成が、環境によってまちまちであるため、全ての環境を踏まえて解説すると説明が煩雑になってしまいます。そこで、本書はプラットフォームをCentOS 7に限定し、CentOS 7に標準で用意されているApacheのパッケージをベースに解説を行うことで、初心者でも安心してWebサーバ環境を構築できるように配慮しています。

　まず、第1章ではWebサーバの基礎とApacheの概要を説明し、第2章で基本的なWebページの公開方法を説明しています。第3章ではCGIやSSI、PHPといった動的コンテンツの実行方法を解説し、第4章ではアクセス制御やホームページの認証方法といったセキュリティの基礎について説明しています。最後の第5章は、応用編としてWebDAVによるファイル共有、ログの解析方法、バーチャルホストの設定、およびブログソフト「WordPress」によるブログサーバの設定について解説しています。

　なお、本書は基本的にLinuxのコマンドライン操作の基本を理解している方を対象にしています。コマンドラインが未経験という方は、拙著『6日間で楽しく学ぶLinuxコマンドライン入門』（インプレスR&D）、あるいはその他の参考書などで、あらかじめその基本操作をマスターしておいていただければと思います。

　最後に、本書が読者の皆様のオリジナルWebサイト構築の助けに少しでもなればと願っております。

2017年春　著者記す

目次

はじめに …………………………………………………………………………………………………… 2

第1章　Webサーバ「Apache」の基礎を知ろう ………………………………………… 5

1-1　HTTPプロトコルについて ……………………………………………………………… 6
1-1-1　Webの仕組みについて ……………………………………………………………… 6
1-1-2　HTTPメッセージを知ろう（その1・リクエストメッセージ）……………… 9
1-1-3　HTTPメッセージを知ろう（その2・レスポンスメッセージ）……………… 10
1-1-4　telnetコマンドでHTTPによる通信を確認する ……………………………… 12

1-2　Apacheの概要 ……………………………………………………………………………… 16
1-2-1　Apacheとは …………………………………………………………………………… 16
1-2-2　モジュールによる機能拡張 ……………………………………………………… 17
1-2-3　Apache 2で搭載されたフィルタ機能 …………………………………………… 19

1-3　Apacheのインストールと動作確認 ……………………………………………………… 20
1-3-1　Apacheのインストール …………………………………………………………… 20
1-3-2　apachectlによるApacheの制御 ………………………………………………… 23
1-3-3　systemctlによるApacheの制御 ………………………………………………… 25
1-3-4　テスト用ページの表示とホームページの保存場所について ………………… 27

第2章　Apacheの設定ファイルを理解する …………………………………………… 31

2-1　設定ファイルの概要と基本設定 ………………………………………………………… 32
2-1-1　Apacheの設定ファイルについて ……………………………………………… 32
2-1-2　最初に注目したいディレクティブ ……………………………………………… 36
2-1-3　テストページを表示しないようにする ………………………………………… 38
2-1-4　MPMの設定について ……………………………………………………………… 41

2-2　ディレクティブの有効範囲の設定 ……………………………………………………… 45
2-2-1　ディレクトリやファイルを限定する …………………………………………… 45
2-2-2　モジュールがロードされていた場合の処理を記述する ……………………… 46

2-3　セクションごとに機能を限定する ……………………………………………………… 48
2-3-1　Optionsディレクティブで機能を限定する …………………………………… 48
2-3-2　ディレクトリごとの設定ファイル「.htaccess」……………………………… 51
2-3-3　「.htaccess」の使用例 ……………………………………………………………… 53

2-4　ユーザごとのホームページを公開する ………………………………………………… 56
2-4-1　ホームディレクトリにpublic_htmlを作成する ……………………………… 56
2-4-2　Apacheの設定ファイルを変更する …………………………………………… 57
2-4-3　パーミッションとSELinuxの設定 ……………………………………………… 58

第3章　CGI、SSI、PHPを利用するには ………………………………………………… 61

3-1　CGIプログラムの実行 …………………………………………………………………… 62
3-1-1　CGIの概要 …………………………………………………………………………… 62
3-1-2　単純なCGIプログラムの作成例 ………………………………………………… 64
3-1-3　他のディレクトリのCGIプログラムを許可する ……………………………… 65

3-2　SSIの設定 ………………………………………………………………………………… 68

目次　3

	3-2-1	SSIのためのhttpd.confの設定	68
	3-2-2	簡単なSSIの実行例	69
	3-2-3	SSIからCGIプログラムを呼び出す	74
	3-2-4	別のファイルをインクルードするには	76
	3-2-5	拡張子が「.html」のファイルでSSIを有効にする2つの方法	76

3-3　PHPプログラムの実行 ·········· 79
	3-3-1	PHPの概要	79
	3-3-2	PHPのテスト	81
	3-3-3	event MPMでPHPを動作させるには	83

第4章　セキュリティと認証の基本を知ろう ·········· 85

4-1　IPアドレスによるアクセス制御 ·········· 86
	4-1-1	ホストに応じてアクセス制御を設定する	86
	4-1-2	アクセスコントロールファイルでアクセス制御を行う	89

4-2　ベーシック認証でユーザを認証する ·········· 90
	4-2-1	ベーシック認証の基本設定	90
	4-2-2	グループにアクセスを許可するには	92

4-3　より安全なダイジェスト認証 ·········· 94
	4-3-1	ダイジェスト認証の設定例	94
	4-3-2	ユーザ情報の登録	94

4-4　SSLによる暗号化通信 ·········· 97
	4-4-1	SSLの概要	97
	4-4-2	mod_sslをインストール	100
	4-4-3	テスト用の証明書でアクセスする	102

第5章　覚えておきたいApacheの便利機能 ·········· 109

5-1　WebDAVによるファイル共有 ·········· 110
	5-1-1	WebDAVとは	110
	5-1-2	WebDAVの基本設定	111
	5-1-3	アクセス制御と認証の設定	113
	5-1-4	Linux用のWebDAVクライアント「Cadaver」	116

5-2　ログファイルの活用 ·········· 119
	5-2-1	いろいろなログファイル	119
	5-2-2	アクセスログ（access_log）	120
	5-2-3	エラーログ（error_log）	122
	5-2-4	AWStatsによるアクセスログの解析	123

5-3　バーチャルホストの設定 ·········· 126
	5-3-1	バーチャルホストの概要	126
	5-3-2	IPベースのバーチャルホスト	127
	5-3-3	名前ベースのバーチャルホストの設定	129

5-4　WordPressでブログサイトを公開する ·········· 131
	5-4-1	WordPressの概要	131
	5-4-2	MariaDBのインストールと初期設定	131
	5-4-3	WordPressのインストールと初期設定	136
	5-4-4	記事を投稿する	140

著者紹介 ·········· 147

第1章　Webサーバ「Apache」の基礎を知ろう

Webサーバは、インターネット上に張り巡らされたWebの中核となるサーバです。CentOSには、現在最も普及しているWebサーバ・ソフトウエアであるApacheが付属しています。この章では、まずWebサーバの働きと、Apacheの概要について説明します。その後でApacheインストールと起動方法について説明します。

1-1 HTTPプロトコルについて

この節では、Apacheの説明の前に、Webを取り扱う上で欠かすことのできないHTTPプロトコルの基礎知識について説明しましょう。また、telnetコマンドを使用してHTTPプロトコルの動作を確かめる方法を解説します。

1-1-1 Webの仕組みについて

ネットワークの世界ではサービスを提供する側のソフトウエアを「**サーバ**」、提供される側を「**クライアント**」と呼びます。Webでは本書で解説するApacheのようなソフトウエアが「Webサーバ」、Google ChromeのようなWebブラウザが「**クライアント**」ということになります。

■Webの通信プロトコルにはHTTPが使用される

ネットワーク間の通信の約束事を「**プロトコル**」と呼びます。WebサーバとWebブラウザの間の通信で使用される基本的なプロトコルが「**HTTP**」(Hypertext Transfer Protocol)です。HTTPはコマンドを文字列でやり取りするテキストベースのプロトコルですが、HTMLファイルなどのテキストファイル、さらにイメージファイルやオーディオファイルなどのバイナリーファイルを転送することができます。

現在主流のHTTPのバージョンは1999年にRFC 2616として標準化されたHTTP/1.1になります。ほとんどすべてのWebブラウザおよびWebサーバで、HTTP/1.1がサポートされています。さらに、Webのさらなる高速化を目指す新たなバージョンであるHTTP/2が2015年に登場し今後の普及が期待されています。

■URLについて

WebブラウザからWeb上のドキュメントを指定する場合にURL（Uniform Resource Locator）という表記を使用することはご存じでしょう。

多くのWebブラウザは、HTTPのほかにFTPなどのプロトコルにも対応しています。そのため先頭の「**スキーム**」でプロトコルを決定します。この部分が「**http:**」の場合にはプロトコルとしてHTTPが使用されるわけです。また、「**https:**」の場合には暗号化されたHTTPSが使用されます。

■ポート番号とWell-knownポート

ネットワーク上の個々のコンピュータは**IPアドレス**で識別されますが、コンピュータ内で動作するそれぞれのネットワークサービスは**ポート番号**によって識別されます。マンションにたとえるならばIPアドレスは住所、ポート番号は部屋番号のようなものです。ポート番号は16ビット長の数値（0～65535）です。どのサービスが基本的にどのポートを使うかを決めておくと接続のポート番号を気にしなくてすむため、あらかじめ特定のサービスのために予約されている番号があります。それらのポート番号を「**Well-knownポート**」と呼びます。Well-knownポートは0～1023番までの範囲になります。

● Well-knownポートの例

プロトコル	ポート番号
FTP（データ用）	20
FTP（制御用）	21
SSH	22
Telnet	23
SMTP	25
DNS	53
HTTP	80
POP3	110

HTTPプロトコルのWell-knownポートはデフォルトで80番のため、多くの場合URLの「：ポート番号」は省略されます。

```
http://www.example.com:80/sample/index.html
```

↓ポート番号を省略
```
http://www.example.com/sample/index.html
```

■WebブラウザとWebサーバのやりとり

WebブラウザはURLの情報をもとにWebサーバに指定したファイルを要求します。例として次のようなURLが指定されたとしましょう。

```
http://www.example.com/sample/index.html
```

この場合、WebブラウザはHTTPプロトコルによって、Webサーバが動作しているホスト「www.example.com」の80番ポートに接続し、ファイル「sample/index.html」を要求するコマンドを送ります。

Webサーバは80番ポートで接続を待ち受けています。コマンドを受け取ったサーバはそれを解釈し、正しいコマンドであれば要求されたファイルをクライアントに返します。なお、ファイルのパスはWebサーバの設定ファイルで**DocumentRoot**として設定されているディレクトリからの相対パスと見なされます。

Webブラウザは受け取ったHTMLファイルを解釈し、イメージファイルなどへのリンクが張られていれば、さらにそれらのファイルを要求するという流れになります。

●Webサーバの基本動作

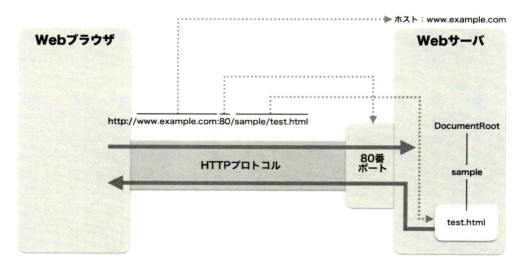

初期のHTTPでは、1つの処理が完了するとクライアントとの**コネクション**（接続）を切断します。したがって、1つのWebページに複数のイメージファイルがあれば、その都度コネクションが張られることになります。なお、HTTP/1.1以降では、**KeepAlive**機能によりコネクションの接続を維持したまま複数のコンテンツを送信できます。

1-1-2　HTTPメッセージを知ろう（その1・リクエストメッセージ）

Webサーバとクライアント（Webブラウザ）の間では、HTTPプロトコルにしたがった**HTTPメッセージ**と呼ばれるテキストデータがやりとりされます。WebクライアントがWebサーバへ送るメッセージを「**リクエストメッセージ**」、その応答としてWebサーバが返すメッセージを「**レスポンスメッセージ**」といいます。なお、HTTPメッセージにおける1行とは行末が「CRLF」（キャリッジリターン・ラインフィード）のテキストデータです。

■リクエストメッセージの書式

次にリクエストメッセージのフォーマットの概略を示します。

リクエストメッセージの構造
リクエストライン
リクエストヘッダ
＜CRLF＞
メッセージボディ

先頭行の**リクエストライン**では、次のような書式でサーバに送るメソッド（コマンド）を指定します。

メソッド URI HTTPバージョン

URI（Universal Resource Identifiers）とは、リソースの位置を示すための表記法です。実際にはURLはURIの1形式です。ここでは、WebサーバでDocumentRootとして設定されているディレクトリを起点とするパスと考えてかまいません。

HTMLファイルやイメージファイルの取得には「**GET**」メソッドが使用されます。たとえばWebサーバのDocumentRootとして設定されているディレクトリから、HTTP/1.1プロトコルを使用し、HTMLファイル「sample.html」を取得するリクエストラインは次のようになります。

GET /sample.html HTTP/1.1

■主なメソッド

次に、一般的に使用されるHTTP/1.1のメソッドの例を示します。

●HTTP/1.1 の主なメソッド

メソッド	説明
GET	サーバから指定したリソースを取得
HEAD	指定したリソースのレスポンスヘッダのみを取得
OPTIONS	使用できるメソッドやオプションの一覧を取得
POST	サーバにリソースを送信
TRACE	サーバの診断に使用

■リクエストヘッダ

リクエストヘッダはリクエストに関する付加的な情報で1行以上の行から構成されます。各行のフォーマットは次のようになります。

ヘッダ名：値

たとえば、**Host**ヘッダはサーバのホスト名を指定します。HTTP/1.1以降ではリクエストヘッダに少なくともHostヘッダが必須になっています。次にHostヘッダの例を示します。

Host:www.example.com

■メッセージボディ

リクエストメッセージの最後の**メッセージボディ**が、クライアントからサーバに送る実際のデータです。たとえば、CGIプログラムなどにデータを送るPOSTメソッドでは、メッセージボディにデータを格納します。なお、Webサーバからコンテンツを取得するGETメソッドなどでは不要です。

1-1-3　HTTPメッセージを知ろう（その2・レスポンスメッセージ）

リクエストメッセージを受け取ったWebサーバは、Webブラウザに**レスポンスメッセージ**を返します。

■レスポンスメッセージの構造

次に、レスポンスメッセージのフォーマットを示します。

レスポンスメッセージの構造
ステータスライン
レスポンスヘッダ
＜CRLF＞
メッセージボディ

■ステータスライン

　先頭の「**ステータスライン**」は要求されたリクエストの結果を示しています。

HTTPバージョン　ステータスコード　理由フレーズ

　「**ステータスコード**」は結果を示す3桁の整数値で、「**理由フレーズ**」はその簡単な説明です。
　たとえば、リクエストが正しく処理された場合には、ステータスコードが「**200**」の次のようなステータスラインが返されます

HTTP/1.1 200 OK

　また、要求されたファイルが見つからない場合には、ステータスコードが「**404**」の次のようなステータスラインが返されます。

HTTP/1.1 404 Not Found

　次に主なステータスコードと理由フレーズを示します。

●主なステータスコードと理由フレーズ

ステータスコード	理由フレーズ	説明
200	OK	リクエストが正しく処理された
400	Bad Request	リクエストが不正なものであった
403	Forbidden	アクセスが拒否された
404	Not Found	ファイルが見つからない
405	Method Not Allowed	指定したメソッドがサポートされていない
415	Unsupported Media Type	指定したメディアタイプがサポートされていない
500	Internal Server Error	サーバの内部エラーが発生した
505	HTTP Version Not Supported	リクエストしたバージョンはサポートされていない

■レスポンスヘッダ

　「**レスポンスヘッダ**」は、メッセージに関する、日付やサイズといった付加情報です。各行の書式は「**フィールド名:値**」となります。次にレスポンスヘッダの例を示します。

第1章　Webサーバ「Apache」の基礎を知ろう　　11

●レスポンスヘッダの例

```
Date: Sat, 04 Mar 2017 21:50:55 GMT      ←日付
Server: Apache/2.4.6 (CentOS)      ←サーバ名
Last-Modified: Sat, 04 Mar 2017 21:25:24 GMT      ←最終更新日
ETag: "4a850a-11c-780f44c0"      ←コンテンツに割り当てられる固有の値
Accept-Ranges: bytes
Content-Length: 284      ←ファイルのサイズ
Connection: close      ←応答の後にコネクションを切断するかどうか
Content-Type: text/html; charset=UTF-8      ←①ファイルのタイプ
```

①の「Content-Type」がファイルの種類を示すMIMEタイプです。HTMLファイルの場合には「text/html」になります。そのあとの「charset」で文字コード（この例ではUTF-8）が指定されています。

■メッセージボディ

レスポンスメッセージの最後の部分である「**メッセージボディ**」は、実際にWebサーバがクライアント、つまりWebブラウザに送信するデータです。HTMLファイルが要求された場合にはそのHTMLファイルの中身がメッセージボディになります。

●メッセージボディの例

```html
<!DOCTYPE html>
<html lang="ja">
<head>
    <meta charset="utf-8">
    <title>Sample Page</title>
</head>
<body>
    <h1>Webページのテスト</h1>
</body>
</html>
```

1-1-4　telnetコマンドでHTTPによる通信を確認する

HTTPは基本的にテキストでやりとりするプロトコルなので、さまざまなネットワークツールで動作を視覚的に確認できます。続いて、HTTPの動作を、**telnet**コマンドを使用して確かめる方法を紹介しましょう。telnetは本来はリモートログインに使用されるコマンドですが、

引数にポート番号を指定することにより、HTTPのようなテキストベースのプロトコルのテストに使用することができます。

■telnetのインストール

telnetのパッケージはyumコマンドでインストールできます。

```
# yum install telnet Enter
    ……略……
```


■telnetコマンドでHTTP通信を行なう

次に、telnetコマンドをWebクライアントに見立て、ホスト「centos7.example.com」で動作しているWebサーバ「Apache」に対して、GETコマンドを使用してHTMLファイル「sample.html」を要求した実行結果を示します。telnetコマンドの最後の引数に「80」を指定し、80番ポートに接続していることに注意してください。

```
$ telnet centos7.example.com 80 Enter      ←ホスト「centos7.example.com」
の80番ポートに接続
Trying 192.168.1.12...
Connected to centos7.example.com.
Escape character is '^]'.
GET /sample.html HTTP/1.1 Enter    ←①
Host:centos7.example.com Enter     ←②
Enter      ←③空行を入力
HTTP/1.1 200 OK      ←④ステータスライン
Date: Sat, 04 Mar 2017 21:50:55 GMT     ←⑤ヘッダ
Server: Apache/2.4.6 (CentOS)
Last-Modified: Sat, 04 Mar 2017 21:25:24 GMT
ETag: "a7-549ee4cdaf072"
Accept-Ranges: bytes
Content-Length: 167
Content-Type: text/html; charset=UTF-8

<!DOCTYPE html>     ←⑥メッセージボディ
<html lang="ja">
<head>
```

第1章　Webサーバ「Apache」の基礎を知ろう　｜　13

```
    <meta charset="utf-8">
    <title>Sample Page</title>
</head>
<body>
    <h1>Webページのテスト</h1>
</body>
</html>
Connection closed by foreign host.    ←⑦コネクション切断
```

　①でGETコマンドを実行し、sample.htmlを要求しています。②のHostヘッダで接続先の
ホスト名を指定しています。③で空行を送るとリクエストが処理されます。

　④のステータスラインではステータスコードが「200」のため、Webサーバでリクエストが
正常に処理されたことがわかります。⑤から7行がレスポンスヘッダです。⑥以降のメッセー
ジボディではHTMLファイル「sample.html」の中身が返されます。送信が完了すると⑦で
コネクションが切断されます。

■エラーが起こる例

　次に、前述の例と同じようにtelnetコマンドを実行して、今度は存在しないHTMLファイ
ル「nofile.html」をリクエストした結果を示します。

```
$ telnet centos7.example.com 80 (Enter)
Trying 192.168.1.12...
Connected to centos7.example.com.
Escape character is '^]'.
GET /nofile.html HTTP/1.1 (Enter)
Host:centos7.example.com (Enter)
(Enter)
HTTP/1.1 404 Not Found    ←①
Date: Sat, 04 Mar 2017 22:11:24 GMT
Server: Apache/2.4.6 (CentOS)
Content-Length: 209
Content-Type: text/html; charset=iso-8859-1

<!DOCTYPE HTML PUBLIC "-//IETF//DTD HTML 2.0//EN">    ←②この行を含めて
以下7行がメッセージボディ
<html><head>
```

14 | 第1章 Webサーバ「Apache」の基礎を知ろう

```
<title>404 Not Found</title>
</head><body>
<h1>Not Found</h1>
<p>The requested URL /nofile.html was not found on this server.</p>
</body></html>
Connection closed by foreign host.      ←コネクション切断
```

　この場合、①のステータスコードは「404」（Not Found）となり、②のメッセージボディではエラーメッセージを表示するHTMLファイルが返されます。

第1章　Webサーバ「Apache」の基礎を知ろう　15

1-2　Apacheの概要

前節の説明で、WebサーバとWebブラウザのやり取りに使用されるHTTPプロトコルの基本的な働きが理解できたと思います。この節ではいよいよWebサーバ「Apache」の概要について説明しましょう。

1-2-1　Apacheとは

　Apache（アパッチ）は、Apache Software Foundation（ASF：http://www.apache.org）で開発・保守が行われているオープンソースのWebサーバです。CentOS 7には、そのバージョン2.4.xが用意されています。

　「Apache」（アパッチ）という名前は、インターネットの黎明期に活躍したWebサーバ「NCSA」（米国立スーパーコンピュータ応用研究所）をベースとし、それにパッチ「patch」を当てることで開発されたことを意味しています（注）。もちろん、ネイティブアメリカンの部族名「Apache」にも由来しています。

●注：パッチとは、洋服の継ぎ当ての意味で、ソフトウエアに修正を加えることを言います。

　現在Apacheは、LinuxやmacOSのようなUNIX系OSだけでなく、WindowsなどさまざまなOS上で動作します。

●Apache Software Foundation（http://www.apache.org）

16　第1章　Webサーバ「Apache」の基礎を知ろう

■Apacheの基本機能

次にApacheの代表的な機能を挙げておきます。

・HTTP/1.1のサポート
・CGI、SSI、PHPなど動的コンテンツの実行機能
・バーチャルホスト機能
・PROXYサーバ機能
・WebDAVによるファイル共有機能
・認証機能
・SSLによる暗号化通信

1-2-2　モジュールによる機能拡張

Apache本体自体はごくシンプルな基本機能（コアモジュール）のみで、そのほかのさまざまな機能を別途**モジュール**として追加していくことが可能です。モジュールは、Apacheのコンパイル時に静的にリンクされてApacheのプログラム本体に組み込まれている**静的モジュール**と、**DSO**（Dynamic Shared Object）という仕組みによって再コンパイルすることなく動的に組み込める**動的モジュール**（DSOモジュール）の2種類に大別されます。

動的モジュールは静的モジュールに比べて速度的に若干劣りますが、使い勝手がよいため、たいていのディストリビューションではほとんどのモジュールを動的モジュールにしています。CentOSでも、あらかじめ多くのモジュールがDSOモジュールとして用意されています。たとえばCGIプログラムの実行や、HTTPを使用したファイル共有であるWebDAVもDSOモジュールによって実現しています。

CentOSでは、DSOモジュールは/usr/lib64/httpd/modulesディレクトリに置かれています（/usr/lib64/httpd/modulesディレクトリは/etc/httpd/modulesのシンボリックリンクになっています）。

Apacheのインストールが完了している方は次のようにして確認できます（システムのインストール時にApacheをインストールしていない場合、次節の説明にしたがってインストールしてください）。

```
$ ls /usr/lib64/httpd/modules Enter
mod_access_compat.so    mod_dialup.so
mod_proxy_express.so
mod_actions.so          mod_dir.so
mod_proxy_fcgi.so
mod_alias.so            mod_dumpio.so
mod_proxy_fdpass.so
```

第1章　Webサーバ「Apache」の基礎を知ろう　17

```
mod_allowmethods.so       mod_echo.so
mod_proxy_ftp.so
mod_asis.so               mod_env.so
mod_proxy_http.so
mod_auth_basic.so         mod_expires.so
mod_proxy_scgi.so
mod_auth_digest.so        mod_ext_filter.so
mod_proxy_wstunnel.so
mod_authn_anon.so         mod_file_cache.so
mod_ratelimit.so
mod_authn_core.so         mod_filter.so
mod_reflector.so
mod_authn_dbd.so          mod_headers.so          mod_remoteip.so
mod_authn_dbm.so          mod_heartbeat.so
mod_reqtimeout.so
mod_authn_file.so         mod_heartmonitor.so     mod_request.so
       ……以下略……
```

■有効なモジュールを確認する

　たとえば、「mod_cgi.so」はCGIのためのモジュール、「mod_dav.so」はWebDAVのサーバ機能を提供するモジュールです。ただし、モジュール・ファイルが存在するからといって、すべて有効になっているわけではありません。どのモジュールを有効にするかは後述するApacheの設定ファイルで指定します。

　なお、どのようなモジュールが静的モジュールとしてコンパイル時に組み込まれているかは、Apache本体である「**httpd**コマンド」を「-l」オプションを指定して実行してみると確認できます。

```
$ httpd -l  Enter
Compiled in modules:
  core.c
  mod_so.c
  http_core.c
```

　また、現在有効なすべての静的モジュールおよび動的モジュールの一覧は「httpd -M」コマンドで確認できます。

```
$ httpd -M  Enter
```

```
Loaded Modules:
 core_module (static)
 so_module (static)
 http_module (static)
 access_compat_module (shared)
 actions_module (shared)
 alias_module (shared)
 allowmethods_module (shared)
        ……以下略……
```

モジュール名の後ろに「(static)」と表示されているのが静的モジュール、「(shared)」と表示されているのが動的モジュールです。

1-2-3　Apache 2で搭載されたフィルタ機能

Apache 2以降では、入出力のデータを加工する**フィルタ**機能が搭載されました。WebブラウザからWebサーバに送られたデータを処理するのが入力フィルタ、WebサーバからWebブラウザに送られるデータを処理するのが出力フィルタです。

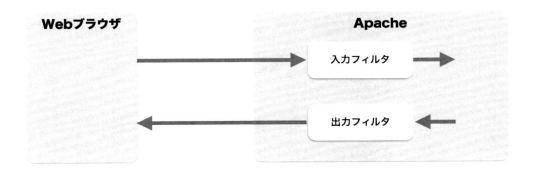

たとえば、Apache 1.xで**ハンドラ**という機能として定義されていたSSI (Server Side Include) は、「mod_include」という出力フィルタのモジュールに置き換えられました。これによってCGI（Common Gateway Interface）の実行結果を、さらにSSIで解釈するといったことが可能になります。

そのほかのフィルタとしては、Webページを圧縮して送信することで転送スピードの向上、ネットワークの有効利用をはかる出力フィルタモジュール「mod_deflate」、ユーザがフィルタを定義するための「mod_ext_filter」などがあります。

1-3　Apacheのインストールと動作確認

ここまでの説明でApacheの概要が理解できたと思います。この節では、ApacheをCentOSにインストールする方法、および起動／終了方法、およびCent OSのサービスとして登録する方法について説明しましす。最後に、オリジナルのWebページを公開する方法についても説明します。

1-3-1　Apacheのインストール

　Apacheは、CentOSの公式リポジトリよりRPMパッケージとして提供されているためインストールは簡単です。サービス名（コマンド名）は「**httpd**」となり、本体のパッケージ名も「httpd」です（「apache」ではないことに注意してください）。

● Apache関連の基本的なRPMパッケージ

パッケージ	説明
httpd	Apache本体および基本モジュール類
httpd-manual	Apacheに関するHTML形式のマニュアル

■yumコマンドでインストールする

　CentOSでは**yum**コマンドでパッケージをインストールします。設定によってはシステムのインストール時にApacheのパッケージ「httpd」がインストールされている場合もあります。まず、パッケージ情報を表示する「**yum info**」コマンドの引数に「httpd」を指定して実行してみましょう。

```
$ yum info httpd Enter
読み込んだプラグイン:fastestmirror, langpacks
Loading mirror speeds from cached hostfile
 * base: www.ftp.ne.jp
 * extras: www.ftp.ne.jp
 * updates: www.ftp.ne.jp
インストール済みパッケージ        ←①
名前              : httpd
アーキテクチャー    : x86_64
```

20 | 第1章　Webサーバ「Apache」の基礎を知ろう

```
バージョン         : 2.4.6
リリース          : 45.el7.centos
容量             : 9.4 M
リポジトリ         : installed
提供元リポジトリ    : base
要約             : Apache HTTP Server
URL             : http://httpd.apache.org/
ライセンス         : ASL 2.0
説明             : The Apache HTTP Server is a powerful,
efficient, and extensible
                : web server.
```

①のように「インストール済みパッケージ」と表示されたらすでにインストール済みです。
そうでない場合には、次のようにしてインストールします。

```
# yum install httpd Enter
読み込んだプラグイン:fastestmirror, langpacks
Loading mirror speeds from cached hostfile
 * base: ftp.iij.ad.jp
 * extras: ftp.iij.ad.jp
 * updates: ftp.iij.ad.jp
依存性の解決をしています
--> トランザクションの確認を実行しています。
---> パッケージ httpd.x86_64 0:2.4.6-45.el7.centos を インストール
--> 依存性解決を終了しました。


依存性を解決しました


================================================================
 Package            アーキテクチャー      バージョン
リポジトリ           容量
================================================================
インストール中:
 httpd              x86_64               2.4.6-45.el7.centos
base               2.7 M
```

第1章 Webサーバ「Apache」の基礎を知ろう | 21

トランザクションの要約

===

インストール　1 パッケージ

総ダウンロード容量: 2.7 M

インストール容量: 9.4 M

Is this ok [y/d/N]: y (Enter)

Downloading packages:

httpd-2.4.6-45.el7.centos.x86_64.rpm

| 2.7 MB　00:00:14

Running transaction check

Running transaction test

Transaction test succeeded

Running transaction

警告: RPMDB は yum 以外で変更されました。

** Found 3 pre-existing rpmdb problem(s), 'yum check' output
follows:

ipa-client-4.4.0-14.el7.centos.4.x86_64 は次のインストール済みと衝突しています:
freeipa-client: ipa-client-4.4.0-14.el7.centos.4.x86_64

ipa-client-common-4.4.0-14.el7.centos.4.noarch は次のインストール済みと衝突
しています: freeipa-client-common:
ipa-client-common-4.4.0-14.el7.centos.4.noarch

ipa-common-4.4.0-14.el7.centos.4.noarch は次のインストール済みと衝突しています:
freeipa-common: ipa-common-4.4.0-14.el7.centos.4.noarch

　インストール中　　　　　　: httpd-2.4.6-45.el7.centos.x86_64
1/1

　検証中　　　　　　　　　　: httpd-2.4.6-45.el7.centos.x86_64
1/1

インストール:

　httpd.x86_64 0:2.4.6-45.el7.centos

完了しました!

■マニュアルをインストールする

　必要に応じて、ApacheのHTML形式のマニュアルのパッケージ「**httpd-manual**」もインストールしておくとよいでしょう。

```
# yum install httpd-manual  Enter
読み込んだプラグイン:fastestmirror, langpacks
Loading mirror speeds from cached hostfile
      ……略……
```

■Apache本体はhttpdコマンド

　Apacheのプログラム本体は、/usr/sbinディレクトリに保存されているhttpdコマンドです。

```
$ ls -l /usr/sbin/httpd  Enter
-rwxr-xr-x  1 root  wheel  800976  5  5 15:06 /usr/sbin/httpd
```

　Apacheのバージョンは、httpdコマンドを「-v」オプションを指定して実行すると確認できます。

```
$ httpd -v  Enter
Server version: Apache/2.4.18 (Unix)
Server built:   Feb 20 2016 20:03:19
```

1-3-2　apachectlによるApacheの制御

　Apacheには、その制御コマンドである**apachectl**が用意されています。

【コマンド】

　　apachectl：Apacheを起動/停止する

【書式】

　　apachectl　サブコマンド

　次に、apachectlの主なサブコマンドを示します。

第1章　Webサーバ「Apache」の基礎を知ろう　│　23

● apachectl コマンドのサブコマンド

サブコマンド	説明
configtest	設定ファイルの文法エラーをチェックする
start	Apache を開始する
stop	Apache を停止する
restart	Apache を再起動する
status	動作状況を表示する

■起動

起動や停止にはスーパーユーザの権限が必要です。たとえば起動するには**start**サブコマンドを使用して次のようにします。

apachectl start (Enter)

■動作確認

動作状況を確認するには**status**サブコマンドを使用して次のようにします。

```
# apachectl status (Enter)
* httpd.service - The Apache HTTP Server
   Loaded: loaded (/usr/lib/systemd/system/httpd.service; enabled;
vendor preset: disabled)
   Active: active (running) since Mon 2017-03-27 00:04:14 JST; 22h
ago
     Docs: man:httpd(8)
           man:apachectl(8)
  Process: 4897 ExecStop=/bin/kill -WINCH ${MAINPID} (code=exited,
status=0/SUCCESS)
 Main PID: 4905 (httpd)
   Status: "Total requests: 129; Current requests/sec: 0; Current
traffic:   0 B/sec"
   CGroup: /system.slice/httpd.service
           |-4905 /usr/sbin/httpd -DFOREGROUND        ←①
           |-4907 /usr/sbin/httpd -DFOREGROUND
           |-4908 /usr/sbin/httpd -DFOREGROUND
           |-4910 /usr/sbin/httpd -DFOREGROUND
           |-4911 /usr/sbin/httpd -DFOREGROUND
```

```
|-4926 /usr/sbin/httpd -DFOREGROUND
|-4954 /usr/sbin/httpd -DFOREGROUND
|-4955 /usr/sbin/httpd -DFOREGROUND
|-4956 /usr/sbin/httpd -DFOREGROUND
|-5393 /usr/sbin/httpd -DFOREGROUND
'-5437 /usr/sbin/httpd -DFOREGROUND
```

```
Mar 27 00:04:14 centOs7.example.com systemd[1]: Starting The Apache
HTTP Server...
Mar 27 00:04:14 centOs7.example.com systemd[1]: Started The Apache
HTTP Server.
```

①を見ると、あらかじめ多くのhttpdプロセスが立ち上がっていることがわかります。デフォルトではMPM（Apacheの動作モード）がpreforkというモードに設定され、複数のプロセスを同時に立ち上げて、複数のクライアントからの要求に対処できるようにしているのです。

■停止

停止するには**stop**サブコマンドを使用して次のようにします。

```
# apachectl stop Enter
```

■設定ファイルのチェックと再起動

また、設定ファイルを変更した場合には、次のように**configtest**サブコマンドを実行して誤りがないことを確認します。

```
# apachectl configtest Enter
Syntax OK
```

「Syntax OK」と表示されたら設定ファイルは問題ありません。設定を反映するには次のように**restart**サブコマンドを使用して再起動します。

```
# apachectl restart Enter
```

1-3-3　systemctlによるApacheの制御

CentOS 7では、システム起動プロセス、およびサービスの管理機能が「**systemd**」として刷新されました。その管理コマンドが**systemctl**です。

第1章　Webサーバ「Apache」の基礎を知ろう　25

【コマンド】

    systemctl：サービスを制御する

【書式】

    systemctl サブコマンド

次に、サービスの制御に関するsystemctlの主なサブコマンドを示します。

●systemctl コマンドのサブコマンド

サブコマンド	説明
enable サービス名	サービスを有効にする
disable サービス名	サービスを無効にする
status サービス名	サービスの状態を確認する
start サービス名	サービスを開始する
stop サービス名	サービスを停止する
restart サービス名	サービスを再起動する
list-unit-files	サービスの一覧を表示する

systemctlを使用すると、前述のapachectlコマンドは次のように置き換えられます。

・起動

    # apachectl start [Enter]

            ↓

    # systemctl start httpd [Enter]

・停止

    # apachectl stop [Enter]

            ↓

    # systemctl stop httpd [Enter]

・再起動

    # apachectl restart [Enter]

            ↓

    # systemctl restart httpd [Enter]

・動作状況の表示

    # apachectl status [Enter]

            ↓

```
# systemctl status httpd [Enter]
```

■システムの起動時にApacheを起動する

　続いて、ApacheをCentOSのサービスとして登録してシステムの起動時に自動起動する方法について説明しましょう。httpdサービスを有効化して、Apacheを自動起動するようにするにはsystemctlコマンドの**enable**サブコマンドを使用して次のように有効化します。

```
# systemctl enable httpd [Enter]
Created symlink from /etc/systemd/system/multi-user.target.wants/
httpd.service to /usr/lib/systemd/system/httpd.service.
```

　逆に、httpdサービスを無効化して自動起動しないようにするには**disable**サブコマンドを使用して次のようにします。

```
# systemctl disable httpd [Enter]
Removed symlink /etc/systemd/system/multi-user.target.wants/
httpd.service.
```

1-3-4　テスト用ページの表示とホームページの保存場所について

　CentOSのApacheにはテスト用のウェルカムページ（/usr/share/httpd/noindex/index.html）」が用意されています。Apacheを起動したら、Webブラウザで「**http://ホスト名**」にアクセスしてみましょう。自分のコンピュータ内のWebページを表示する場合にはホスト名に「**localhost**」を指定して、「http://localhost」としてもかまいません。

第1章　Webサーバ「Apache」の基礎を知ろう　27

●テスト用ページ

■ DocumentRoot は Web ページの保存場所

　CentOS の Apache の基本設定では、サイト単位での Web ページの保存場所は **/var/www/html** ディレクトリに設定されています。これを **DocumentRoot** と呼びます。ここのディレクトリに HTML ファイルを保存しておけば「http://ホスト名/ファイルのパス」でアクセス可能です。ファイルのパスは、/var/www/html ディレクトリを起点とする相対パスで指定します。

　たとえば、/var/www/html ディレクトリに次のような HTML ファイル「sample.html」を保存したとしましょう。

●sample.html
```
<!DOCTYPE html>
<html lang="ja">
<head>
    <meta charset="utf-8">
    <title>Sample Page</title>
</head>
<body>
    <h1>Webページのテスト</h1>
```

```
</body>
</html>
```

このファイルにはWebブラウザから「http://ホスト名/sample.html」でアクセスできます。

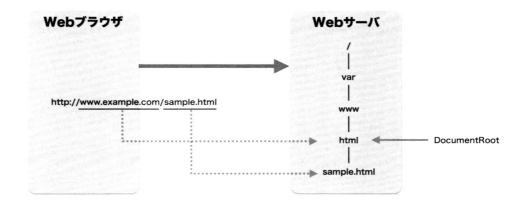

次に実行結果を示します。

Webページのテスト

なお、この例では、DocumentRootである/var/www/htmlディレクトリの直下にsample.htmlを保存しましたが、もちろん/var/www/htmlディレクトリの下に適宜ディレクトリを作成してファイルを保存してかまいません。たとえば、「/var/www/html/info」ディレクトリに「news.html」を保存した場合には次のようにしてアクセスできます。

`http://ホスト名/info/news.html`

■マニュアルを表示するには

マニュアルのパッケージ「httpd-manual」をインストールしてある場合には、「http://

「ホスト名/manual」にアクセスするとApacheのマニュアルが表示されます。

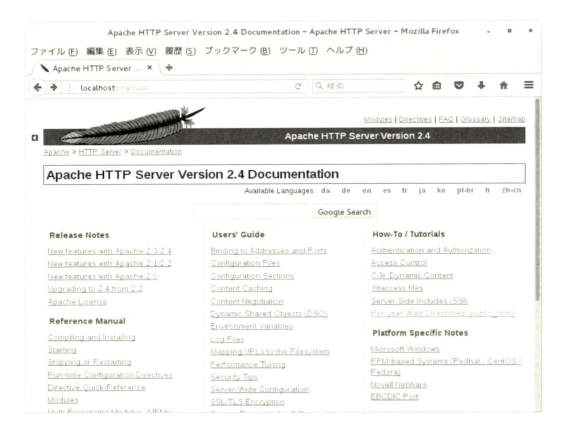

第2章　Apacheの設定ファイル
を理解する

前節で説明したように、httpdサービスを立ち上げてDocument
Rootである/var/www/htmlディレクトリ以下に公開するコン
テンツを置けば、とりあえずWebサイトは作成できます。ただ
し、CGIやSSIプログラムを設置したり、あるいはほかのディレ
クトリにコンテンツを置くには、設定ファイルを修正する必要が
あります。本章ではApacheの設定ファイルの基本について解説
します。

2-1 設定ファイルの概要と基本設定

CentOSでは、Apacheの設定ファイル類が/etc/httpdディレクトリにまとめて保存されています。この節では、設定ファイルの概要と、基本的な設定のポイントについて説明します。

2-1-1 Apacheの設定ファイルについて

Apacheの設定は、テキスト形式の設定ファイルに「**ディレクティブ**」と呼ばれる命令を記述することで行います。まずは、設定ファイルの概要について説明しましょう。

■設定ファイルの保存先について

Apache関連の設定ファイル、およびログファイルなどは、**/etc/httpd**ディレクトリ以下にまとめられています。次にその概略を示します（インストールされているパッケージによって内容は異なります）。

●/etc/httpd ディレクトリ以下のフォルダとファイルの用途

フォルダ名	ファイル名	用途
conf		基本的な設定ファイルが置かれるディレクトリ
	httpd.conf	メインの設定ファイル
	magic	MIMEタイプの判定に使用されるファイル
conf.d		機能ごとの設定ファイルが置かれるディレクトリ
	autoindex.conf	ディレクトリを一覧表示する場合のアイコンなどの設定
	manual.conf	マニュアルページの設定
	userdir.conf	ユーザごとの公開ページの設定
	welcome.conf	ウエルカムページの設定
conf.modules.d		モジュールごとの設定ファイルが置かれるディレクトリ
	00-base.conf	基本モジュールの設定
	00-dav.conf	WebDAVモジュールの設定
	00-lua.conf	Luaモジュールの設定 （Luaはスクリプト言語）
	00-mpm.conf	MPMモジュールの設定
	00-proxy.conf	プロキシサーバの設定
	00-systemd.conf	systemdモジュールの設定
	01-cgi.conf	CGI関連の設定
logs		ログファイルが格納されるディレクトリ （/var/log/httpdのシンボリックリンク）
modules		DSOモジュールが格納されるディレクトリ （/usr/lib64/httpd/modulesのシンボリックリンク）
run		プロセスIDが格納されるディレクトリ （/run/httpdディレクトリへのシンボリックリンク）

　Apacheの動作を決定するメインの設定ファイルが/etc/httpd/confディレクトリの
「**httpd.conf**」です。このファイルにApacheへの指令である「**ディレクティブ**」を記述し
ます。ただし、すべてのディレクティブをhttpd.conf内に記述すると煩雑になるので、**/etc/
httpd/conf.d**ディレクトリおよび**/etc/httpd/conf.modules.d**ディレクトリに、拡張子が
「**.conf**」の個々の機能やモジュールごとに個別の設定ファイルを用意して、httpd.confから
それらのファイルを読み込んでいます。

■メインの設定ファイル「httpd.conf」

　Apacheのメインの設定ファイルは**httpd.conf**です。CentOSの場合、/etc/httpd/conf
ディレクトリにhttpd.confが置かれています。

```
# ls -l /etc/httpd/conf Enter
合計 52
-rw-r--r-- 1 root root 33846 2008-07-15 22:44 httpd.conf
```

第2章　Apacheの設定ファイルを理解する　33

```
-rw-r--r-- 1 root root 12958 2008-10-21 20:52 magic
```

　メインの設定ファイルは頻繁に編集するため、あらかじめ別の名前でバックアップしておくとよいでしょう

```
# cd /etc/httpd/conf (Enter)
# cp httpd.conf httpd.conf.org (Enter)
```

■機能別の設定ファイル

　CentOSでは**/etc/httpd/conf.d**ディレクトリに機能別の設定ファイルを置いて、httpd.confからインクルードする（読み込む）ように設定されています。

```
# ls /etc/httpd/conf.d/ (Enter)
README  autoindex.conf  manual.conf  userdir.conf  welcome.conf
```

　これらのファイルはメインの設定ファイルであるhttpd.conf内の、次のような**Include Optional**ディレクティブで読み込まれます。

```
IncludeOptional conf.d/*.conf
```

　「*」は任意の文字列に一致するワイルドカードです。これでconf.dディレクトリの拡張子が「.conf」のファイルがすべて読み込まれます。

　たとえば、manual.confはApacheのオンラインマニュアルに関する設定ファイルです。

●/etc/httpd/conf.d/manual.conf
```
# This configuration file allows the manual to be accessed at
# http://localhost/manual/
#
AliasMatch ^/manual(?:/(?:de|en|fr|ja|ko|ru))?(/.*)?$
"/usr/share/httpd/manual$1"      ←①


<Directory "/usr/share/httpd/manual">
    Options Indexes
    AllowOverride None
    Require all granted
</Directory>
```

　①の**AliasMatch**ディレクティブは、「http://ホスト名/manual」でアクセスされた場合

34 ｜ 第2章　Apacheの設定ファイルを理解する

に、/usr/share/httpd/manual ディレクトリ以下のマニュアルページを表示するという指定です。

■モジュールごとの設定ファイル

必要なモジュールをロードするための設定ファイルは、**/etc/httpd/conf.modules.d** ディレクトリ以下に保存されています。

```
# ls /etc/httpd/conf.modules.d/ (Enter)
00-base.conf  00-lua.conf  00-mpm.conf.org  00-ssl.conf
01-cgi.conf
00-dav.conf    00-mpm.conf  00-proxy.conf     00-systemd.conf
10-php.conf
```

たとえば、/etc/httpd/conf.modules.d/00-base.conf では、複数の LoadModule ディレクティブにより基本的なモジュールをまとめて読み込んでいます。

●/etc/httpd/conf.modules.d/00-base.conf（一部）
```
#
# This file loads most of the modules included with the Apache HTTP
# Server itself.
#

LoadModule access_compat_module modules/mod_access_compat.so
LoadModule actions_module modules/mod_actions.so
LoadModule alias_module modules/mod_alias.so
LoadModule allowmethods_module modules/mod_allowmethods.
       ……略……
```

なお、/etc/httpd/conf.modules.d ディレクトリ以下の設定ファイルは、httpd.conf 内の次のような **Include** ディレクティブでロードされます。

```
Include conf.modules.d/*.conf
```

Include ディレクティブと IncludeOptional ディレクティブの相違は、前者がワイルドカードに一致するファイルが見つからなかった場合にエラーになるのに対して、後者はエラーにならない点です。

■MIMEタイプの設定ファイル

インターネットの世界ではファイルの拡張子とアプリケーションの対応は**MIMEタイプ**で設

第2章　Apacheの設定ファイルを理解する　35

定しますが、ApacheもMIMEタイプによってコンテンツのタイプを指定します。CentOSでは、システム全体のMIMEタイプの設定ファイルは/etc/mime.typesに置かれています。また、MIMEタイプでは判定できないファイルのために、ファイルの中身の先頭部分を調べることによってタイプを判断する、いわゆるマジックナンバーテストための/etc/httpd/conf/magicも用意されています。

2-1-2　最初に注目したいディレクティブ

Apacheの設定ファイル「httpd.conf」では、1行に1つずつ「**ディレクティブ**」と呼ばれる命令を記述します。ディレクティブ自体は大文字・小文字を区別しませんが、ディレクティブに与える引数には区別するものもあるので注意してください。さまざまなディレクティブがありますが、ここでは重要なディレクティブについて解説します。

■ ServerRoot

ServerRootはApacheの設定ファイルが保存される起点となるディレクトリです。

```
ServerRoot "/etc/httpd"
```

■ DocumentRoot

DocumentRootはHTMLファイルなどのコンテンツを保存する基点となるディレクトリです。

```
DocumentRoot "/var/www/html"
```

■ ServerAdmin

ServerAdminはWebの管理者のメールアドレスの指定です。デフォルトでは「root@localhost」になっているためローカルメールしか届きません。Webサーバを外部に公開する場合には、必ず実際のメールアドレスを指定してください。

```
ServerAdmin root@localhost
```

↓

```
ServerAdmin admin@example.com
```

■ ServerName

ServerNameはWebサーバが動作しているホストの「ホスト名：ポート番号」を指定します。

36　第2章　Apacheの設定ファイルを理解する

通常自動認識されますが、起動時のトラブルを防ぐためにも設定することが推奨されています。ポート番号はHTTPのWell-knownポートである「80」でよいでしょう。なお、DNSサーバにホスト名が登録されていない場合には、IPアドレスを指定してもかまいません。

```
#ServerName www.example.com:80
```

↓

```
ServerName centos7.example.com:80
```


■ AddDefaultCharset

AddDefaultCharsetはデフォルトの文字コードの設定です。このディレクティブは、「レスポンスとしてドキュメントを返す場合にそのすべてに文字コード情報を「charset」として付加しておくべきである」という、セキュリティ上の配慮からApache 1.3.12以降で追加されました。デフォルトでは次のように「**UTF-8**」に設定されています。

```
AddDefaultCharset UTF-8
```

この場合、HTMLファイルの設定に関わらず、レスポンスヘッダに強制的に「`Content-Type: text/html; charset=UTF-8`」が付加されます。

●レスポンスヘッダの例
```
HTTP/1.1 200 OK
Date: Mon, 06 Mar 2017 01:43:07 GMT
Server: Apache/2.4.6 (CentOS)
Last-Modified: Mon, 06 Mar 2017 01:39:20 GMT
ETag: "318-54a05f6d5d499"
Accept-Ranges: bytes
Content-Length: 792
Content-Type: text/html; charset=UTF-8      ←①
```

たいていのWebブラウザでは、①の「Content-Type」が優先され「UTF-8」以外の文字コードのHTMLファイルは文字化けしてしまいます。Webサーバで公開するすべてのHTMLファイルの文字コードが「UTF-8」にそろえられている場合にはこのままでかまいませんが、複数の文字コードのHTMLファイルが混在する環境では、先頭に「#」を記述してこのディレクティブをコメントにしてください。

```
AddDefaultCharset UTF-8
```

第2章　Apacheの設定ファイルを理解する　37

```
    ↓
#AddDefaultCharset UTF-8
```

■ DirectoryIndex

DirectoryIndexは、URLで、ファイルではなくディレクトリがアクセスされた場合に表示されるファイルの指定です。

```
DirectoryIndex index.html
```

デフォルトでは「**index.html**」に設定されています。たとえば「http://www.examle.com/」としてアクセスされた場合、DocumentRootとして設定されたディレクトリに「index.html」が存在すればそれが返されます。

■コメントの記述に注意

httpd.confでは「#」以降がコメントと見なされます。ただし、ディレクティブの後ろにはコメントを記述できません。たとえば、次のような記述はApacheに読み込む時点でエラーになります。

```
ServerRoot "/etc/httpd" # config files      ←エラー
```

2-1-3　テストページを表示しないようにする

デフォルトではDocumentRoot（/var/www/html）にindex.htmlが存在しない場合に、「http://ホスト名」でアクセスすると次のようなテストページが表示されます。

Apacheの設定ファイルの変更例として、これを表示しないようにしてみましょう。

■テストページの設定ファイルはwelcome.conf

テストページの設定は、メインの設定ファイル「httpd.conf」ではなく、「**/etc/httpd/conf.d/welcome.conf**」として単独で保存されています。

●/etc/httpd/conf.d/welcome.conf（一部）
```
<LocationMatch "^/+$">

    Options -Indexes
    ErrorDocument 403 /.noindex.html     ←①

</LocationMatch>


<Directory /usr/share/httpd/noindex>

    AllowOverride None
    Require all granted

</Directory>


Alias /.noindex.html /usr/share/httpd/noindex/index.html     ←②
```

実際に表示されるウエルカムページは「/usr/share/httpd/noindex/index.html」です。この設定ファイルは、WebブラウザでDocumentRoot（http://ホスト名）がアクセスされたときに、その直下にindex.htmlがない場合、①のエラー用のHTMLファイル「.noindex.html」を表示するという指定です（index.htmlがない場合は403エラーが発生します）。③のAliasディレクティブにより「.noindex.html」は/usr/share/httpd/noindex/index.htmlにアサインされているためそれが表示されるわけです。

この設定を無効にするには<LocationMatch "^/+$">から</LocationMatch>までをコメントにします。

●/etc/httpd/conf.d/welcome.conf（一部）
```
#<LocationMatch "^/+$">

#     Options -Indexes
#     ErrorDocument 403 /.noindex.html

#</LocationMatch>


<Directory /usr/share/httpd/noindex>

    AllowOverride None
```

第2章　Apacheの設定ファイルを理解する　39

```
    Require all granted
</Directory>
```

あるいは、メインの設定ファイル「httpd.conf」では、拡張子が「.conf」のファイルのみを読み込むため、次のようにwelcome.confの拡張子を変更してもかまいません。

```
# cd /etc/httpd/conf.d/ (Enter)
# mv welcome.conf welcome.conf.org (Enter)
```

■設定ファイルのテスト

設定ファイルを変更したら、「apachectl configtest」コマンドを実行し、文法上のエラーがないかをチェックします。

```
# apachectl configtest (Enter)
Syntax OK
```

■Apacheを再起動して設定を反映させる

設定ファイルをチェックし問題がないようでしたら、次のように実行してApacheを再起動して設定を反映させます。

```
# apachectl restart (Enter)
```

もしくは

```
# systemctl restart httpd (Enter)
```

以上で、DocumentRoot（/var/www/html）にindex.htmlという名前のファイルがない場合に、Webブラウザから「http://ホスト名」でアクセスされるとディレクトリの一覧が表示されます。

40 | 第2章 Apacheの設定ファイルを理解する

なお、次節で説明するようにディレクトリの一覧表示を許可していない場合には「Forbidden」というエラーが表示されます。

2-1-4　MPMの設定について

　Apacheはバージョン1.xの時代もモジュールによる機能拡張が行えることが特徴でしたが、Apache 2.xではさらに進んでサーバプロセスの中心部分までもが **MPM**（Multi Processing Module）としてモジュール化されました。MPMはApacheの動作モードを指定する重要なモジュールです。Apache 2.4の場合、複数のリクエストをどのように処理するかによって、prefork

MPM、worker MPM、event MPMが選択可能です。

■3種類のMPM

次に3種類のMPMの概要をまとめておきます。

・prefork MPM

マルチプロセス型のサーバです。あらじめ複数のサーバプロセス「httpd」を立ち上げておくことで、複数のクライアントからの同時アクセスに応えられるようにするものです。

・worker MPM

マルチスレッド型は、サーバプロセスは1つでリクエストごとにスレッドを割り当てて処理を行います。worker MPMは、前述のマルチプロセス型と、スレマルチスレッド型のハイブリッド型のサーバです。あらかじめ指定したスレッド数を超えると新たなプロセスを立ち上げます。

・event MPM

Apache 2.4から新たに追加されたモジュールです。worker MPMの一種でイベント駆動型のサーバです。コネクションを持続するKeepAlive時の処理を別のスレッドに割り振って処理を行います。

最後の「event MPM」が最も効率がよいのですが、CentOS 7のApache 2.4の場合、安定性とその他のソフトウエアとの互換性を考慮しデフォルトでは「prefork MPM」に設定されています。

現在の動作モードは、モジュールの一覧を表示する「httpd -M」の出力をgrepコマンドで絞り込むことで調べられます。

```
# httpd -M | grep mpm Enter
mpm_prefork_module (shared)
```

初期状態ではprefork MPM（mpm_prefork_module）であることがわかります。

■MPMの設定ファイル

MPMの設定ファイルは/etc/httpd/conf.modules.d/00-mpm.confです。

●/etc/httpd/conf.modules.d/00-mpm.conf
```
# Select the MPM module which should be used by uncommenting
exactly
```

42 | 第2章 Apacheの設定ファイルを理解する

```
# one of the following LoadModule lines:


# prefork MPM: Implements a non-threaded, pre-forking web server
# See: http://httpd.apache.org/docs/2.4/mod/prefork.html
LoadModule mpm_prefork_module modules/mod_mpm_prefork.so      ←①


# worker MPM: Multi-Processing Module implementing a hybrid
# multi-threaded multi-process web server
# See: http://httpd.apache.org/docs/2.4/mod/worker.html
#
#LoadModule mpm_worker_module modules/mod_mpm_worker.so      ←②


# event MPM: A variant of the worker MPM with the goal of consuming
# threads only for connections with active processing
# See: http://httpd.apache.org/docs/2.4/mod/event.html
#
#LoadModule mpm_event_module modules/mod_mpm_event.so      ←③
```

　①②③がそれぞれ、prefork、worker、eventのモジュールをロードする設定です。デフォルトではprefork MPMの①が有効になっています。

■event MPMに切り替えるには

　たとえばevent MPMに切り替えるには、①をコメントにして③のコメントを外します。

●/etc/httpd/conf.modules.d/00-mpm.conf（event MPMの設定）

```
# Select the MPM module which should be used by uncommenting
exactly
# one of the following LoadModule lines:


# prefork MPM: Implements a non-threaded, pre-forking web server
# See: http://httpd.apache.org/docs/2.4/mod/prefork.html
#LoadModule mpm_prefork_module modules/mod_mpm_prefork.so      ←①


# worker MPM: Multi-Processing Module implementing a hybrid
# multi-threaded multi-process web server
```

第2章　Apacheの設定ファイルを理解する　43

```
# See: http://httpd.apache.org/docs/2.4/mod/worker.html
#
#LoadModule mpm_worker_module modules/mod_mpm_worker.so


# event MPM: A variant of the worker MPM with the goal of consuming
# threads only for connections with active processing
# See: http://httpd.apache.org/docs/2.4/mod/event.html
#
LoadModule mpm_event_module modules/mod_mpm_event.so      ←③
```

　設定ファイルを変更したら、設定ファイルにエラーがないかを確認したのちに再起動します。

```
# apachectl configtest (Enter)      ←エラーをチェック
Syntax OK
# apachectl restart (Enter)      ←再起動
```

　以上で、MPMがeventに切り替わります。

```
# httpd -M | grep mpm (Enter)
 mpm_event_module (shared)
```

　なお、event MPMでは動作しないモジュールがあるため、初心者の方はとりあえずはprefork MPMを利用するとよいでしょう。

44 | 第2章　Apacheの設定ファイルを理解する

2-2　ディレクティブの有効範囲の設定

Apacheの設定ファイルに記述したディレクティブは、通常ホスト全体に有効ですが、<Directory>や<Files>、<Location>ディレクティブを使用してセクションを作成することによって、ディレクティブの有効範囲を、指定したディレクトリやファイルに限定することができます。これらのセクションを指定するためのディレクティブのことを「セクションディレクティブ」と呼びます。この節では基本的なセクションディレクティブについて説明します。

2-2-1　ディレクトリやファイルを限定する

　たとえば、ディレクティブの設定をあるディレクトリ以下に限定するには、目的のディレクティブを**<Directory ディレクトリのパス>**タグと**</Directory>**タグで囲みます。/var/www/htmlディレクトリ以下に有効なディレクティブを設定するには次のようにします。

```
<Directory "/var/www/html">      ←ディレクトリを指定
      ←ここにディレクティブを記述
</Directory>
```

　また、<Files>タグはファイル名によってファイルを限定します。次の例では、ファイル名が「secret.html」のファイルに限定します。

```
<Files "secret.html">
      ←ここにディレクティブを記述
</Files>
```

■ワイルドカードによるファイルの指定

　任意の文字列とマッチする「*」、任意の1文字とマッチする「?」といったワイルドカードによる指定も可能です。たとえば**<Files>**タグはファイル名によってファイルを限定しますが、次のようにすることで、有効範囲をファイル名の先頭が「.ht」で始まるファイルに限定します。

```
<Files ".ht*">
    Require all denied
</Files>
```

第2章　Apacheの設定ファイルを理解する　45

■URLのパスを指定する

　Locationディレクティブを使用すると、サーバ内のディレクトリではなく、URLに記述されたパスを対象にすることができます。このディレクティブはURLを、実際のファイルのパスにマップするAliasディレクティブと組み合わせて使用されます。次の例では①のAliasディレクティブで「http://ホスト名/dav」へのアクセスを、/var/www/davディレクトリにマップしています。②の<Location>ディレクティブでは、URLのパス部分「/dav」に対して、③でWebDAVという機能を有効にする「DAV On」を設定しています。

```
Alias /dav /var/www/dav     ←①
<Location /dav>     ←②
    DAV On     ←③
</Location>
```

　つまり、URLに「http://ホスト名/dav」が指定された場合、サーバ内の/var/www/davディレクトリがアクセスされ、<Location>タグ内に記述された「DAV On」によりWebDAVが有効になるわけです。

■正規表現による指定

　<Directory>、<File>、<Location>、<Alias>ディレクティブの代わりに、それぞれ<**DirectoryMatch**>、<**FilesMatch**>、<**LocationMatch**>、<**AliasMatch**>を使用することによって、正規表現によるファイルやディレクトリの指定も可能です。
　たとえば、次の例では拡張子が「.gif」「.jpg」「.png」のファイルに限定します。

```
<FilesMatch "\.(gif|jpg|png)$">
    ←ここにディレクティブを記述
</FilesMatch>
```

　次の例はファイル名の先頭が「.ht」で始まるファイルに限定します。

```
<FilesMatch  "^\.ht">
    ←ここにディレクティブを記述
</FilesMatch>
```

2-2-2　モジュールがロードされていた場合の処理を記述する

　動的モジュールのロードは、**LoadModule**ディレクティブによって行います。

```
LoadModule モジュール識別子 モジュールのパス
```

46 ｜ 第2章　Apacheの設定ファイルを理解する

たとえば、WebDAV関連のモジュールのロードは次の3つのディレクティブによって行われます。

```
LoadModule dav_module modules/mod_dav.so
LoadModule dav_fs_module modules/mod_dav_fs.so
LoadModule dav_lock_module modules/mod_dav_lock.so
```

■ <IfModule>ディレクティブでモジュールがロードされていたことを確認する

　<IfModule>ディレクティブを使用すると、あるモジュールがロードされていた場合に実行するディレクティブを指定することが可能です。つまり、これを使用することにより、モジュールがロードされていない場合に、そのモジュールが必要なディレクティブが実行されるのを避けることができます。

　なお、モジュール名はコンパイル前のファイル名で指定します。たとえばユーザのディレクトリを公開する**mod_userdir**モジュール（mod_userdir.so）のファイル名は「mod_userdir.c」となるため、mod_userdirモジュールがロードされていた場合に有効なディレクティブは次のように設定します。

```
<IfModule mod_userdir.c>
      ←ここにディレクティブを記述
</IfModule>
```

2-3 セクションごとに機能を限定する

Apache には CGI プログラムや SSI の実行、あるいはディレクトリの一覧表示などのさまざまな機能がありますが、<Directory> ディレクティブなどのセクションディレクティブの内部で Options ディレクティブを使用することにより、そのセクションで使用可能な機能を限定することができます。また、「.htacess」ファイルを用意することによりディレクトリの設定を動的に変更できます。

2-3-1 Options ディレクティブで機能を限定する

次に、**Options** ディレクティブで使用可能なオプションを示します。なお、Options ディレクティブを記述しないと「All」が指定されているとみなされ、すべての機能が許可されています。

● Options ディレクティブのオプション

オプション	説明
All	MultiViews を除いた全機能を有効にする
None	すべてを無効にする
ExecCGI	mod_cgi モジュールによる CGI プログラムの実行を許可
FollowSymLinks	シンボリックリンクをたどることを許可する
Includes	mod_include モジュールによる SSI を許可する
IncludesNOEXEC	「#exec」コマンドと「#exec CGI」以外の SSI を許可する（ただし、#include virtual により、ScriptAlias されたディレクトリで CGI を実行することは可能）
Indexes	クライアントによってファイルではなくディレクトリがアクセスされた場合、index.html など DirectoryIndex ディレクティブによって指定されたファイルがなければ、ディレクトリの一覧を表示する（mod_autoindex モジュールが必要）
MultiViews	mod_negotiation モジュールによるコンテントネゴシエーションを許可する。コンテントネゴシエーションとは、クライアントからリクエストヘッダによって送られてくる MIME タイプ、言語などの優先傾向に基づいてリソースを選択する機能。たとえば、言語別のディレクトリに用意されているファイルの中からクライアントが要求する言語のファイルを選択して送り返すといった場合に使用される
SymLinksIfOwnerMatch	アクセス先にシンボリックリンクが指定された場合、シンボリック先のファイルのオーナが、シンボリックリンクのオーナと同じ場合のみシンボリックリンクをたどることを許可する

■DocumentRootの初期設定について

たとえば、デフォルトのhttpd.confでは、DocumentRootである「/var/www/html」に対して次のようなOptionsディレクティブが設定されています。これを見るとわかるように初期状態では「**FollowSymLinks**」と「**Indexes**」オプションが設定され、シンボリックリンクをたどることとディレクトリの一覧を表示することが許可されています。

●httpd.conf（一部）

```
<Directory "/var/www/html">
    ……略……
    Options Indexes FollowSymLinks      ←シンボリックリンクとディレクトリ一覧が
許可
    ……略……
</Directory>
```

なお、このように、ひとつのOptionsディレクティブで複数のオプションを設定するにはスペースで区切ります（カンマ「,」でないことに注意）。

```
Options Indexes FollowSymLinks      ←オプションはスペースで区切る
```


■ディレクトリの一覧を表示させないようにするには

DirectoryIndexディレクティブは、Webブラウザで「http://ホスト名/ディレクトリ」のようにディレクトリがアクセスされた場合に、自動的に表示するファイルの指定です。

デフォルトでは、次のように設定されています。

```
DirectoryIndex index.html
```

このため、ディレクトリでアクセスされた場合**index.html**が表示されるわけです。それでは、index.htmlが存在しなかった場合にはどうでしょう。実はOptionsディレクティブで**Indexes**が指定されていると、ディレクトリの一覧が表示されてしまいます。

第2章　Apacheの設定ファイルを理解する　49

これはセキュリティ的にはあまり好ましくありません。ディレクトリの一覧を表示したくない場合には「Indexes」を削除しておくとよいでしょう。

●httpd.conf（一部）

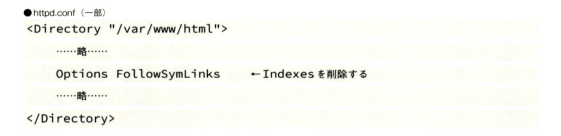

設定ファイルを変更したらApache再起動して設定を反映させます。

apachectl restart (Enter)

以上で、`index.html`が存在しない場合には「Forbidden」というエラーメッセージが表示されるようになります。

> **403 Forbidden - Mozilla Firefox**
>
> 403 Forbidden
>
> localhost
>
> # Forbidden
>
> You don't have permission to access /g-machine/ on this server.

■Options ディレクティブのオプションを追加、削除する

　上位のディレクトリのOptionsディレクティブのオプション設定は、下位のディレクトリにそのまま引き継がれます。下位のディレクトリで設定を変更したい場合、すべてのオプションを記述してもかまいませんが、上位のディレクトリの設定に機能を加えたい、あるいは削除したいといった場合には、オプションの前にそれぞれ「+」、「-」を記述します。

　たとえば、あるディレクトリで、上位のディレクトリの設定に加えてCGIプログラムの実行を許可したい場合には次のように記述します。

```
Options +ExecCGI    ←ExecCGI オプションを加える
```

　また、ディレクトリの一覧表示の許可を取り除くには次のように記述します。

```
Options -Indexes    ←Indexes オプションを削除する
```

　なお、ひとつのOptionsディレクティブの中で「+」「-」付きのオプションと、そうでないオプションを混在することはできないので注意してください。

```
Options FollowSymLinks  +Indexes    ←エラー
```

2-3-2　ディレクトリごとの設定ファイル「.htacess」

　ディレクトリごとに設定を変更したい場合には、メインの設定ファイル「httpd.conf」(もしくはそこから読み込まれる設定ファイル)を編集し、目的のディレクトリに対して前述の`<Directory>`セクションを記述する方法があります。ただし、その場合、修正後に「apachectl restart」

第2章　Apache の設定ファイルを理解する　51

コマンドなどを実行し、Apacheに設定を反映させる必要があります。また、httpd.confは
スーパーユーザのみに書き換え権限があるので、一般ユーザが変更することはできません。

　別の方法として、目的のディレクトリに「.htaccess」ファイルを作成し、そこにディレク
ティブを記述することによってそのディレクトリ以下に対して有効な設定を行うことができま
す。「.htaccess」のことを「**アクセスコントロールファイル**」と呼びます。つまり、対象と
なるディレクトリに書き込み権限のあるユーザであれば、そのディレクトリに関するApache
の機能を設定できるわけです。

■ AllowOverrideで「.htaccess」の設定を許可する

　「.htaccess」は、クライアントがドキュメントをリクエストするたびに読み込まれるため、
httpd.confをリロードする必要がない反面、サーバの負荷が若干高くなります。また、セ
キュリティ的にも弱くなるため、使用にあたっては注意が必要です。そのため、デフォルトで
は「.htaccess」による設定を許可していません。次にhttpd.confの、「/var/www/html」
ディレクトリに関するセクションを示します。

●httpd.conf（「/var/www/html」ディレクトリに関するセクション）

```
<Directory "/var/www/html">
    ……略……
    AllowOverride None      ←①
    ……略……
</Directory>
```

　①の**AllowOverride**ディレクティブが、「.htaccess」でどのような設定を許可するかを
指定するディレクティブです。このように「None」と設定されている場合には、「.htaccess」
をまったく参照しません。

　次に、AllowOverrideディレクティブのオプションを示します。これらのオプションによっ
て、「.htaccess」内で、個別に上書きできるディレクティブを指定できます。

● AllowOverrideディレクティブのオプション

オプション	説明
All	すべてを許可する
None	すべてを無効にする
AuthConfig	AuthName、AuthUserFileなどユーザ認証に関するディレクティブを許可する
FileInfo	DefaultTypeやErrorDocumentなどドキュメントタイプを制御するためのディレクティブを許可する
Indexes	AddDescriptionやAddIconなど、ディレクトリインデックス（ディレクトリの一覧表示）を制御するためのディレクティブを許可する
Limit	ホストへのアクセス制御を設定するためのAllow、Deny、Orderディレクティブを許可する
Options	ディレクトリの機能を限定するOptions、およびXBitHackディレクティブを許可する

　許可したいオプションが複数ある場合には、次のようにスペースで区切ります。

```
AllowOverride FileInfo AuthConfig Limit Options
```

　次のようにカンマ「,」で区切るとエラーになるので注意してください。

```
AllowOverride FileInfo, AuthConfig, Limit Options      ←エラー
```

2-3-3 「.htaccess」の使用例

　2-3-1「Optionsディレクティブで機能を限定する」では、DocumentRoot（/var/www/html）を設定し、OptionsディレクティブからIndexesを削除しディレクトリの一覧表示を行わないようにする方法について説明しました。

　ここでは、「.htaccess」の設定例として、/var/www/html/imagesディレクトリ以下でディレクトリの一覧表示を許可するようにしてみましょう。

■DocumentRootでアクセスコントロールファイルの使用を許可する

　まず、DocumentRootである/var/www/htmlディレクトリでは、OptionsディレクティブでIndexesを許可しないようにし、AllowOverrideディレクティブでOptionsディレクティブの変更を許可します。

● httpd.conf（「/var/www/html」ディレクトリに関するセクション）

```
<Directory "/var/www/html">
    Options FollowSymLinks      ←Indexesを許可しない
    ……略……
    AllowOverride Options        ←Optionsの変更を許可
```

第2章　Apacheの設定ファイルを理解する　53

```
······略······
</Directory>
```

　これは設定ファイル自体の変更ですので、設定を反映するにはApacheをリスタートする必要があります。

```
# apachect restart  Enter
```

　この状態、つまり/var/www/html/imagesディレクトリに「.htacess」がない状態で、Webブラウザから「http://ホスト名/images」にアクセスすると「Forbidden」エラーになります。

■/var/www/html/imagesディレクトリで一覧表示を許可する

　続いて、アクセスコントロールファイルを作成して/var/www/html/imagesディレクトリで一覧表示を許可してみましょう。/var/www/html/imagesディレクトリに次のような「.htaccess」ファイルを作成します。

●/var/www/html/images/.htaccess
```
Options +Indexes
```

　この時、「Indexes」の先頭に「+」を加え「+Indexes」と記述して、Indexesを既存のOptionsディレクティブの設定に加えている点に注目してください。「+」を記述しないと上位ディレクトリでのOptionsの設定がクリアされてしまします。

　この場合、アクセスコントロールファイルのみの変更ですのでApacheの再起動は必要あり

ません。Webブラウザから「http://ホスト名/images」にアクセスするとディレクトリの一覧が表示されるようになります。

2-4 ユーザごとのホームページを公開する

メインの設定ファイル「httpd.conf」の設定例として、ユーザごとのホームページ・スペースを公開する例を示しましょう。CentOSではデフォルトで「/home/ユーザ名/public_html」ディレクトリがユーザごとのホームページとして公開されます。

2-4-1 ホームディレクトリにpublic_htmlを作成する

デフォルトではWebブラウザで「**http://ホスト名/~ユーザ名/パス**」でアクセスするとユーザの「**~/public_html**」（注）以下が公開されます。

●注：チルダ「~」はユーザのホームページを表すシェルの特殊文字。

そのために、まず、Webページを公開したいユーザのホームディレクトリにpublic_htmlディレクトリを作成します。

```
$ mkdir ~/public_html  Enter
```

作成した~/public_htmlディレクトリに、テスト用のHTMLファイル「sample.html」を保存しておきましょう。

●~/public_html/sample.html
```
<!DOCTYPE html>
<html lang="ja">
<head>
    <meta charset="utf-8">
    <title>Sample Page</title>
</head>
<body>
    <h1>ユーザごとWebページのテスト</h1>
</body>
</html>
```

2-4-2　Apacheの設定ファイルを変更する

　ユーザごとのホームページの公開は**mod_userdir**モジュールによって行います。基本モジュールの読み込みファイルである「/etc/httpd/conf.modules.d/00-base.conf」をエディタで開くと、次のようなLoadModuleディレクティブがあるはずです。

```
LoadModule userdir_module modules/mod_userdir.so
```

　また、ユーザごとのホームページの設定ファイルは「**/etc/httpd/conf.d/userdir.conf**」です。このファイルはApacheのメインの設定ファイル「httpd.conf」から読み込まれます。

●/etc/httpd/conf.d/userdir.conf（一部）
```
<IfModule mod_userdir.c>      ←①

    #
    # UserDir is disabled by default since it can confirm the
presence
    # of a username on the system (depending on home directory
    # permissions).
    #
    UserDir disabled      ←②


    #
    # To enable requests to /~user/ to serve the user's public_html
    # directory, remove the "UserDir disabled" line above, and
uncomment
    # the following line instead:
    #
    #UserDir public_html      ←③
</IfModule>
```

　①の<IfModule>セクションが、mod_userdirモジュールがロードされていた場合の設定です。デフォルトでは②の**UserDir**ディレクティブがdisabledに設定され、ユーザのホームページが無効になっています。③では同じくUserDirで公開するディレクトリの指定で、こちらはコメントになっています。これを次のように変更します。

●/etc/httpd/conf.d/userdir.conf（変更後）
```
<IfModule mod_userdir.c>
        ……略……
```

第2章　Apacheの設定ファイルを理解する　｜　57

```
    #UserDir disabled      ←コメントにする

        ……略……

    UserDir public_html     ←コメントを外す
</IfModule>
```

以上で、Webブラウザからの「http://ホスト名/~ユーザ名/パス」へのリクエストは、/home/ユーザ名/public_htmlディレクトリ以下に変換されます。

設定ファイルを変更したら、Apacheを再起動して設定を反映させます。

```
# apachectl restart Enter
```


2-4-3　パーミッションとSELinuxの設定

CentOS 7では、管理ツールやuseraddコマンドなどで登録したユーザは、ホームディレクトリのパーミッションが、デフォルトでオーナ以外にアクセスできないように設定されています。

```
# ls -l /home Enter
合計 4
drwx------.  3 naoko naoko   78  3月 11 15:55 naoko
drwx------. 17 o2    o2    4096  3月 11 15:53 o2
drwx------.  3 taro  taro    78  3月 11 15:55 taro
```

ユーザごとのホームページを公開したいユーザは、ホームディレクトリのパーミッションを少なくとも「701」に設定して、Apacheがアクセスできるようにします。たとえば、ユーザ「o2」のホームページを公開するには次のようにします。

```
# chmod 701 /home/o2 Enter
# ls -ld /home/o2 Enter
drwx-----x. 17 o2 o2 4096  3月 11 15:53 /home/o2
```


■SELinuxのアクセス制御に拒否される場合

セキュリティ機能である **SELinux** を有効にしている場合には、~/public_htmlディレクトリ以下を設定する必要があります。この状態で、Webブラウザで「http://ホスト名/~ユーザ名/パス」にアクセスして「Forbidden」と表示された場合、SELinuxのアクセス制御で拒否されている可能性があります。

SELinuxが現在有効かどうかを確かめるには、**getenforce** コマンドを引数なしで実行しま

す。「Enforcing」と表示されたらSELinuxが有効です。

```
# getenforce Enter
Enforcing
```

　一時的にSELinuxを無効にするには、次のようにsetenforceコマンドを「0」を引数に実行します。

```
# setenforce 0 Enter
```

■ユーザごとのホームページにアクセスする

　以上で、ユーザごとのホームページにアクセスできます。次の例では「http://ホスト名/~o2/sample.html」を表示しています。

■SELinuxの設定を変更する

　続いて、SELinuxが有効な場合でもユーザごとのホームページにアクセスできるようにしてみましょう。次のように、SELinuxの設定値を個別にオン／オフする**setsebool**コマンドを実行します。

```
# setsebool -P httpd_read_user_content on Enter
```

　これで、ユーザごとのホームページの読み込み（httpd_read_user_content）が許可されます（注）。

●注：現在のSELinuxの設定値を全て確認するには「getsebool -a」を実行します。

　SELinuxを再び有効にしてみましょう。setenforceコマンドを「1」を引数に実行します。

```
# setenforce 1 Enter
```

SELinuxが有効になった状態で、再び、ユーザごとのホームページにアクセスして正しく表示されることを確認してください。

3

第3章　CGI、SSI、PHPを利用するには

Apacheに限らずたいていのWebサーバでは、CGIやSSI、PHP
といったプログラムを実行する機能が用意されています。それら
を活用することでシンプルな掲示板から、データベースと連携し
たWebアプリケーションまでさまざまな動的なコンテンツを作
成することが可能になります。

3-1　CGIプログラムの実行

Webサーバと連携した動的コンテンツの代表と言えるのがCGIを利用したプログラムです。まず、この節ではApacheでCGIプログラムを動作させる方法について説明します。

3-1-1　CGIの概要

　CGIとは「Common Gateway Interface」の略で、クライアントからのリクエストに応じてWebサーバ上でなんらかのプログラムを実行し、その結果をクライアントに戻すための取り決めのことです。つまり、CGIはインターフェースのみを規定するものです。したがって、CGIのプログラムとしては、Webサーバ上で動作するものならどのようなプログラム言語を使用してもかまいません。ただし、CGIプログラムではテキストファイルや文字列を取り扱うことが多いので、Python、Perl、Rubyといったテキスト処理に優れたスクリプト言語を使用するのが一般的です。

■CGIのためのモジュール

　CentOSでは、デフォルトで**/var/www/cgi-bin**ディレクトリ以下をCGIプログラムの保存場所として想定し、Webブラウザからは「http://ホスト名/cgi-bin/プログラム名」としてアクセスできるようにしています。ここでは、その設定方法について説明しましょう。

　CGIの実行を担当するApacheのモジュールは**mod_cgi**モジュール、もしくは**mod_cgid**モジュールです。また、設定ファイルは/etc/httpd/conf.modules.d/01-cgi.confです。

●/etc/httpd/conf.modules.d/01-cgi.conf

```
<IfModule mpm_worker_module>
    LoadModule cgid_module modules/mod_cgid.so
</IfModule>
<IfModule mpm_event_module>
    LoadModule cgid_module modules/mod_cgid.so
</IfModule>
<IfModule mpm_prefork_module>
    LoadModule cgi_module modules/mod_cgi.so      ←①
</IfModule>
```

ApacheのMPMの種類に応じて、ロードするモジュールを切り分けていることがわかります。たとえばデフォルトのprefork MPMの場合、①でmod_cgiモジュールがロードされます。

■ScriptAliasによるCGIプログラムの保存場所の設定

メインの設定ファイルであるhttpd.confでは、CGIプログラムの保存場所とURLのパスの対応が**ScriptAlias**ディレクティブによって設定されています。

```
ScriptAlias /cgi-bin/ "/var/www/cgi-bin/"
```

この設定例では、/var/www/cgi-bin/ディレクトリが、URLで指定したパス「/cgi-bin」にマッピングされます。つまり、Webブラウザから「http://ホスト名/cgi-bin/プログラム名」でアクセスされると、サーバ内の「/var/www/cgi-bin/プログラム名」のCGIプログラムが呼び出されます。

■<Directory "/var/www/cgi-bin">セクションでCGIを許可する

メインの設定ファイルであるhttpd.confの<**Directory "/var/www/cgi-bin"**>セクションは、CGIのプログラムが置かれるディレクトリの設定です。

●httpd.conf（一部）
```
<Directory "/var/www/cgi-bin">
    AllowOverride None
    Options None
    Require all granted
</Directory>
```

デフォルトでは**Options**ディレクティブで「None」が設定されているためCGIプログラムが実行できません。これを「**ExecCGI**」に変更し、/var/www/cgi-binディレクトリ以下にCGIプログラムの実行を許可します。

```
    Options None

         ↓

    Options ExecCGI
```

httpd.confを変更したら、Apacheを再起動して設定を反映させます。

```
# apachectl restart Enter
```

第3章　CGI、SSI、PHPを利用するには │ 63

■CGIのためのSELinuxの設定

SELinuxを有効にしている場合は、「**httpd_enable_cgi**」をオンにする必要があります。まず、次のようにしてgetseboolコマンドでhttpd_enable_cgiの状態を確認してください。

```
# getsebool -a | grep httpd_enable_cgi (Enter)
httpd_enable_cgi --> off
```

このように「off」と表示されたら現在httpd_enable_cgiが無効です。次のようにして有効にします。

```
# setsebool -P httpd_enable_cgi on (Enter)
# getsebool -a | grep httpd_enable_cgi (Enter)
httpd_enable_cgi --> on        ←「on」になった
```

3-1-2　単純なCGIプログラムの作成例

ApacheのCGI設定が完了したところで、Webブラウザに単純なHTMLを返すCGIプログラムを示しましょう。プログラムの流れとしては、最初にレスポンスヘッダとして「Content-type:」により「text/html」と「charset」を標準出力に出力します。次に1行空白をあけて、メッセージボディとなるHTMLを出力します。

次にその内容を、Perlを使用して記述したプログラムを示します。

● test.cgi
```
#!/usr/bin/perl        ←①
print "Content-Type:text/html; charset=UTF-8\n";      ←②
print "\n";       ←③
print "<html>";       ←④
print "<body>";
print "<h1>はじめてのCGI</h1>";
print "</body></html>\n";
```

①でインタプリタとして使用するプログラム（この例ではPerl）のパスを指定しています。②で「Content-Type」を設定しています。③で1行空行を挿入し、④以降でメッセージボディとしてHTMLを出力しています。

これを、/var/www/cgi-bin/test.cgiとして保存します。なお、この例では拡張子「.cgi」をつけていますが、実際にはScriptAliasで設定されているディレクトリ（この例では/var/www/cgi-binディレクトリ）に保存されてCGIプログラムは拡張子をつけなくても

64　第3章　CGI、SSI、PHPを利用するには

かまいません。

■実行権を設定する

　CGIプログラムはパーミッションで実行が許可されている必要があります。chmodコマンドで実行権を付けます。

```
# chmod a+x /var/www/cgi-bin/test.cgi Enter
# ls -l /var/www/cgi-bin/test.cgi Enter
-rwxr-xr-x. 1 root root 172  3月 12 17:25 /var/www/cgi-bin/test.cgi
```

■CGIプログラムにアクセスする

　準備ができたら、Webブラウザで「http://ホスト名/cgi-bin/test.cgi」にアクセスしてみましょう。結果が正しく表示されることを確認してください。

3-1-3　他のディレクトリのCGIプログラムを許可する

　デフォルトの設定ではCGIプログラムとして実行できるのは/var/www/cgi-binディレクトリに保存された実行権の設定されたプログラムのみです。続いて、ユーザごとのホームページである「~/public_html」以下のcgi-binディレクトリに保存したCGIプログラムを許可するようにしてみましょう。

■httpd.confの設定

　httpd.confでは、拡張子が「.cgi」のファイルをCGIプログラムとして実行するための**AddHandler**ディレクティブがコメントになっていますので、コメントを外して有効にします。

●httpd.conf（一部）
```
<IfModule mime_module
```

```
    ……略……
    AddHandler cgi-script .cgi      ←コメントを外す
    ……略……
</IfModule>
```

■ userdir.confの設定

　ユーザごとの公開ディレクトリの設定ファイル/etc/httpd/conf.d/userdir.confで
は、次のようなセクションを作成しOptionsディレクティブで**ExecCGI**を許可します。

●/etc/httpd/conf.d/userdir.conf（一部）
```
<Directory "/home/*/public_html/cgi-bin">
    Options ExecCGI
</Directory>
```

　設定を変更したら、Apacheを再起動して設定を反映させます。

```
# apachectl restart  (Enter)
```

■ ~/public_html/cgi-binディレクトリを用意する

　次に、CGIプログラムを保存する~/public_html/cgi-binディレクトリを用意します。

```
$ mkdir ~/public_html/cgi-bin/  (Enter)
```

　CGIプログラムを保存するディレクトリに、オーナー以外のユーザに書き込み許可があると
エラーになるため、パーミッションを「711」に設定します。

```
$ chmod 711 ~/public_html/cgi-bin/  (Enter)
```

■ CGIプログラムを用意する

　ここでは次のようなシンプルなCGIプログラムを用意しています。

●~/public_html/cgi-bin/test.cgi
```
#!/usr/bin/perl
print "Content-Type:text/html; charset=UTF-8\n";
print "\n";
print "<html>";
```

```
print "<body>";
print "<h1>ユーザのホームページのCGIプログラム</h1>";
print "</body></html>\n";
```

chmodコマンドで実行権を設定します。

```
$ chmod +x ~/public_html/cgi-bin/test.cgi [Enter]
```

以上で、Webブラウザから「http://ホスト名/~ユーザ名/cgi-bin/test.cgi」にアクセスするとCGIプログラムが実行されます。

3-2　SSIの設定

SSIは、「Server Side Include」の略で、HTMLドキュメントに埋め込まれたSSI用のタグをWebサーバ内で解釈し、その結果を文字列としてWebブラウザに送る仕組みです。時刻やドキュメントの更新日時を表示する単純な機能のほかに、CGIプログラムの実行結果をHTMLドキュメント内に埋め込むといったことができます。

3-2-1　SSIのためのhttpd.confの設定

　Apacheバージョン1.3系までは、SSIをCGIと同じくハンドラで取り扱っていましたが、Apache 2系では新機能の「**フィルタ**」として実装されています。次に、Apacheのメインの設定ファイルであるhttpd.confに記述されているSSIの設定部分を示します。

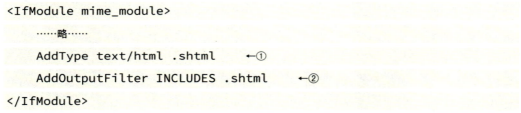

●httpd.conf（INCLUDEフィルタ設定部分）
```
<IfModule mime_module>
    ……略……
    AddType text/html .shtml      ←①
    AddOutputFilter INCLUDES .shtml   ←②
</IfModule>
```

　SSIを含むHTMLファイルは、クライアントに送る前にWebサーバが内容を解析しなければならないため、すべてのHTMLファイルに対してSSIを有効にするとWebサーバの負荷が増大します。そのため、通常は拡張子が「.shtml」のファイルのみをSSIのHTMLファイルとして取り扱います。

　①の**AddType**ディレクティブで拡張子が「.shtml」のファイルをHTMLファイルとして扱うように設定しています。

　②の**AddOutputFilter**ディレクティブが出力フィルタの設定です。ここでは拡張子が「.shtml」のファイルに対してmod_includeモジュールによって提供されている**INCLUDES**フィルタ（SSIを処理するフィルタ）を設定しています。

■SSIを許可するディレクトリにOptionディレクティブでIncludesを設定する

　SSIを許可するにはOptionsディレクティブで「**Includes**」を指定する必要があります（注）。

●注：IncludesNOEXECでもSSIの実行は可能ですがSSIからCGIを呼び出すことはできません。

たとえば、DocumentRootに設定されている/var/www/htmlディレクトリ以下でSSIを許可するには、<Directory "/var/www/html">セクションのOptionsディレクティブを次のように変更します。

●httpd.conf（<Directory "/var/www/html">セクション）

```
<Directory "/var/www/html">
    ……略……
    Options Indexes FollowSymLinks Includes    ←「Includes」を追加
    ……略……
</Directory>
```

httpd.confを変更したらApacheを再起動して設定を反映させます。

```
# apachectl restart Enter
```

3-2-2　簡単なSSIの実行例

SSIのタグはHTMLからすると単なるコメントです。つまり「<!--」と「-->」の間に次のような形式でSSIのコマンドを記述します。

```
<!--#エレメント アトリビュート=値 -->
```

エレメントというのはSSIのコマンドのことです。たとえば現在時刻を表示するには、次のようにします。

```
<!--#echo var="DATE_LOCAL" -->
```

「**echo**」は、アトリビュート「**var**」に代入された値を表示するエレメントです。ここではローカル時刻を示す「**DATE_LOCAL**」を代入しています。

次に、このタグを埋め込んだHTMLファイルを示します。拡張子を「**.shtml**」にすることに注意してください。

●testSSI1.shtml

```
<!DOCTYPE html>
<html lang="ja">
<head>
    <meta charset="utf-8">
    <title>SSIのテスト</title>
</head>
```

第3章　CGI、SSI、PHPを利用するには　69

```
<body>
    <h1>現在時刻</h1>
    <h2><!--#echo var="DATE_LOCAL" --></h2>
</body>
</html>
```

これを/var/www/html/testSSI1.shtmlとして保存します。

以上で、Webブラウザで「http://ホスト名/testSSI1.shtml」にアクセスすると次のように表示されます。

Webブラウザでソースを確認してみると、SSIのタグ部分が日付時刻の文字列に置き換わったことがわかると思います。

●ソースを確認

これは、次のようにApacheのINCLUDESフィルタによってSSIタグが解釈された結果です。

●INCLUDESフィルタによってSSIタグが解釈される

■日付時刻の表示形式を設定する

　前述の例では、日付時刻が「Monday, 13-Mar-2017 16:51:50 JST」のように表示されましたが、configエレメントを次のような形式で指定することにより表示形式を設定できます。

`<!--#config timefmt="フォーマット" -->`

　フォーマットの文字列の内部には、次のような置換文字列を指定できます。

●主な置換文字列の例

置換文字	例	説明
%c	Mon Mar 13 21:09:51 2017	現在のロケールに応じた日付時刻
%x	03/13/17	現在のロケールに応じた形式の日付
%X	11:11:84	現在のロケールに応じた形式の時刻
%y	17	年（2桁）
%Y	2017	年（4桁）
%b	Mar	月（3文字）
%B	March	月
%m	09	月（2桁）
%a	Sat	曜日の省略形式
%A	Saturday	曜日
%d	12	日にち
%j	223	その年の1月1日からの日数
%w	6	日曜日からの日数
%p	PM	AMもしくはPM
%H	23	24時間形式の時
%I	11	12時間形式の時
%M	44	分
%S	56	秒
%Z	JST	タイムゾーン名

　次に、置換文字列を設定して日付時刻を「〜年〜月〜日〜時〜分」の形式で表示する例を示します。

●testSSI2.shtml

```html
<html lang="ja">
<head>
        <meta charset="utf-8">
        <title>SSHのテスト</title>
</head>

<body>
        <h1>現在時刻</h1>
        <!--#config timefmt="%Y年%m月%d日%H時%M分" -->
        <h2><!--#echo var="DATE_LOCAL" --></h2>
</body>
</html>
```

72 　第3章　CGI、SSI、PHPを利用するには

Webブラウザでは次のように表示されます。

■ファイルの最終更新日を表示する

次のように flastmod エレメントを使用するとファイルの最終更新日時を表示できます。
`<!--#flastmod file="ファイルパス" -->`

自分自身のファイルの最終更新日を表示するのであれば、ファイルのパスに自分自身のパスを指定します。この時、日付時刻の表示形式は前述の「config timefmt」で指定できます。次に例を示します。

●testSSI3.html
```
<!DOCTYPE html>
<html lang="ja">
<head>
    <meta charset="utf-8">
    <title>SSHのテスト</title>
</head>

<body>
    <h1>最終更新日時</h1>
    <!--#config timefmt="%Y年%m月%d日%H時%M分" -->
    <h2><!--#flastmod file="testSSI3.shtml" --></h2>
</body>
</html>
```

Webブラウザでアクセスすると次のように表示されます。

第3章　CGI、SSI、PHPを利用するには　｜　73

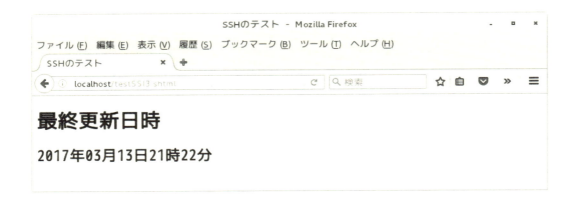

3-2-3　SSIからCGIプログラムを呼び出す

　SSIのタグとして、**exec**エレメントを次の形式で使用すると、SSIからCGIプログラムを呼び出してその結果を埋め込むことができます。たとえばアクセスカウンタなどによく使用されるテクニックです。

```
<!--#exec cgi="CGIプログラムのパス"-->
```

　CGIプログラムを保存したディレクトリでは、CGIの実行が許可されている必要があります。httpd.confの設定に従うのはもちろん、SELinuxを有効にしている場合には設定を変更する必要があるかもしれません。

　ここではあらかじめCGIの実行が許可された/var/www/cgi-binディレクトリに、omikuji.cgiというおみくじを表示するCGIプログラムを用意し、それをHTMLファイル「omikuji.shtml」内のSSIから呼び出す例を示します。

　まず、/var/www/cgi-binディレクトリに、次のリストで示すCGIプログラム「omikuji.cgi」を保存します。

●omikuji.cgi
```
#!/usr/bin/perl

print "Content-Type: text/plain;charset=UTF-8\n";   ←①
print "\n";
@kuji = ("大吉", "小吉", "凶");
print $kuji[int(rand(3))];
```

　この例では、結果をHTMLに埋め込むため①の「Content-type」をプレーンテキスト「text/plain」に設定しています。

chmodコマンドで実行権を付けておきます。

chmod +x /var/www/cgi-bin/omikuji.cgi [Enter]

次に、omikuji.cgiを呼び出すSSIのタグを埋め込んだHTMLファイル「omikuji.shtml」を/var/www/htmlディレクトリに置きます。拡張子を「.shtml」にする点に注意してください。

●omikuji.shtml

```
<!DOCTYPE html>
<html lang="ja">
<head>
    <meta charset="utf-8">
    <title>おみくじ</title>
</head>

<body>
    <h1>明日の運勢</h1>
    <h2><!--#exec cgi="/cgi-bin/omikuji.cgi" --></h2>
</body>
</html>
```

ファイルを準備したら、Webブラウザから「http://ホスト名/omikuji.shtml」にアクセスすることでomikuji.cgiの実行結果が表示されます。

第3章 CGI、SSI、PHPを利用するには

3-2-4 別のファイルをインクルードするには

SSIの **include** エレメントを使用すると別のファイルを指定した位置に読み込むことができます。

```
<!--#include file="ファイルのパス"-->
```

たとえばHTMLファイルの現在位置に「footer.html」を挿入するには次のように記述します。

```
<!--#include file="footer.html"-->
```

なお、「#include file」の代わりに「#include virtual」を使用すると、パスに絶対パスや「..」（1つの上のディレクトリ）を指定できます。CGIの出力を埋め込むことも可能です。おみくじCGIを埋め込んだomikuji.shtmlの例は「#exec cgi」の代わりに「#include virtual」を使用することもできます。

```
<!--#exec cgi="/cgi-bin/omikuji.cgi" -->
```

↓

```
<!--#include virtual="/cgi-bin/omikuji.cgi" -->
```

3-2-5 拡張子が「.html」のファイルでSSIを有効にする2つの方法

httpd.confのデフォルトの設定ではAddOutputFilterディレクティブにより、拡張子が「.shtml」のファイルのみSSIが有効になっています。その設定では、たとえば、あとから既存のWebページにSSIによるアクセスカウンタを埋め込もうとした場合に、拡張子をすべて「.shtml」に変更する必要があります。また、それをリンク先に設定しているページでは、<a href>タグなどの内部に記述されたファイル名をすべて変更しなくてはならないため面倒です。

解決策としては次の2つがあります。

①「.html」のファイルにもSSIを有効に設定する
②XBitHackディレクティブを使用する

■「.html」のファイルにもSSIを有効に設定する

①の方法の場合、httpd.confのAddOutputFilterディレクティブの「.shtml」を「.html」に変更します。

●httpd.conf（INCLUDE フィルタ設定部分）

```
<IfModule mime_module>
     ……略……
#AddType text/html .shtml     ←コメントアウト
AddOutputFilter INCLUDES .html     ←「.shtml」を「.html」に変更
</IfModule>
```

　この方法では、すべての HTML ファイルがクライアントに送られるたびに Apache によって解釈されるため、サーバのパフォーマンスが低下するという欠点があります。

■ XBitHack ディレクティブを使用する

　②の方法では、httpd.conf の **XBitHack** ディレクティブを「**on**」に設定します。

●httpd.conf（INCLUDE フィルタ設定部分）

```
<IfModule mime_module>
     ……略……
#AddType text/html .shtml     ←コメントアウト
#AddOutputFilter INCLUDES .shtml     ←コメントアウト
XBitHack on     ←追加
</IfModule>
```

　XBitHack ディレクティブを「on」にした場合、オーナの実行が許可されたファイルに関して拡張子にかかわらず SSI が有効になります。
　たとえば、「/var/www/html/omikuji.html」を SSI として解釈するには次のようにします。

```
# chmod u+x /var/www/html/omikuji.html （Enter）
```

　いずれの方法でも httpd.conf を変更したら Apache を再起動して設定を反映させます。

```
# apachectl restart （Enter）
```

■ Last-Modified ヘッダを返すには

　前述のように XBitHack ディレクティブを「on」に設定した場合、最終更新時刻を表す Last-Modified ヘッダは HTTP レスポンスで返されません。Last-Modified ヘッダを返したい場合には、XBitHack を「**full**」に設定します。

```
XBitHack full
```

第3章　CGI、SSI、PHP を利用するには　77

さらに、オーナだけでなく所有グループに対して実行権を設定します。

```
# chmod ug+x /var/www/html/omikuji2.html Enter
```

3-3 PHPプログラムの実行

最近Webアプリケーションで人気のスクリプト言語にPHPがあります。前述のCGIでは、スクリプトをHTMLとは別ファイルとして用意する必要がありました。一方PHPでは、スクリプトをHTMLドキュメントに直接埋め込むことも可能です。なお、同じくHTML埋め込み型の言語としてはJavaScriptが有名ですが、JavaScriptはWebブラウザ上で実行されるのに対して、PHPはWebサーバ上で実行され、クライアントにはその結果だけが送られます。

3-3-1 PHPの概要

次に、PHPの特徴をまとめておきます。

・HTMLに埋め込んで使用するスクリプト言語
・正規表現が使用可能で、柔軟な文字列処理が可能
・Apacheのモジュールとして動作するため、CGIに比べて処理が高速
・データベースとの連携が簡単
・CGIプログラムとして実行することも可能

■PHPのインストール

PHPのパッケージは、yumコマンドでインストールできます。

```
# yum install php Enter
読み込んだプラグイン:fastestmirror, langpacks
Loading mirror speeds from cached hostfile
 * base: ftp.iij.ad.jp
 * extras: ftp.iij.ad.jp
 * updates: ftp.iij.ad.jp
依存性の解決をしています
--> トランザクションの確認を実行しています。
      ……略……
```

第3章 CGI、SSI、PHPを利用するには 79

■PHPの設定ファイル

　PHPのパッケージには、PHPモジュールの設定ファイル「`/etc/httpd/conf.modules.d/10-php.conf`」
が含まれています。

●/etc/httpd/conf.modules.d/10-php.conf
```
#
# PHP is an HTML-embedded scripting language which attempts to make
it
# easy for developers to write dynamically generated webpages.
#
<IfModule prefork.c>
  LoadModule php5_module modules/libphp5.so
</IfModule>
```

　これを見るとわかるように、PHPのモジュールをロードするLoadModuleディレクティブ
が`<IfModuleprefork.c>`~`</IfModule>`で囲まれています。したがって、デフォルトでは
MPMがpreforkでないと動作しません。
　また、ApacheのためのPHPの設定ファイルがインストールされます。

●/etc/httpd/conf.d/php.conf
```
#
# Cause the PHP interpreter to handle files with a .php extension.
#
<FilesMatch \.php$>        ←①
    SetHandler application/x-httpd-php
</FilesMatch>


#
# Allow php to handle Multiviews
#
AddType text/html .php     ←②


#
# Add index.php to the list of files that will be served as
directory
# indexes.
```

80 ｜ 第3章　CGI、SSI、PHPを利用するには

```
#
DirectoryIndex index.php     ←③


#
# Uncomment the following lines to allow PHP to pretty-print .phps
# files as PHP source code:
#
#<FilesMatch \.phps$>     ←④
#     SetHandler application/x-httpd-php-source
#</FilesMatch>


#
# Apache specific PHP configuration options
# those can be override in each configured vhost
#
php_value session.save_handler "files"
php_value session.save_path    "/var/lib/php/session"
```

　通常PHPファイルの拡張子は「**.php**」が使用されます。①の<Files Match ～>では拡張子が「.php」のファイルに対して、**SetHandler**ディレクティブによりPHPとして処理するように設定しています。

　②では拡張子が「.php」のファイルをHTMLファイルとして認識するように設定しています。

　③の**DirectoryIndex**ディレクティブでは、Webブラウザからディレクトリ名でアクセスされた場合に、そのディレクトリに「**index.php**」があればそれをデフォルトのファイルとして返すように設定しています。

　なお、特定のPHPのソースファイルをそのままWebブラウザに表示したい場合には、④<FilesMatch \.phps$>セクションのコメントを外してを有効にしてください。すると、拡張子を「.phps」に設定したPHPファイルに限り、実行されずにソースが色分けされ表示されます。

3-3-2　PHPのテスト

　PHPプログラムはHTMLファイルの「**<?php～?>**」タグの内部に記述します。また1つの文の終わりはセミコロン「;」になります。次に単純なPHPスクリプトを記述した「**test.php**」を示します。

● test.php
```
<!DOCTYPE html>
<html lang="ja">
<head>
    <meta charset="utf-8">
    <title>PHPのテスト</title>
</head>
<body>
<?php
        echo "<h1>PHPのテスト</h1>";    ←①
        phpinfo();      ←②
?>
</body>
</html>
```

　①の **echo** 文は文字列をWebブラウザに出力する命令です。ここでは「<h1>PHPのテスト</h1>」というHTMLのh1エレメントを書き出しています。②の **phpinfo()** は、Apacheに組み込まれているPHPモジュールに関する情報を出力する関数です。

　これを/var/www/htmlディレクトリに保存し、Webブラウザで「http://ホスト名/test.php」アクセスすると次のように表示されます。

● test.phpにアクセス

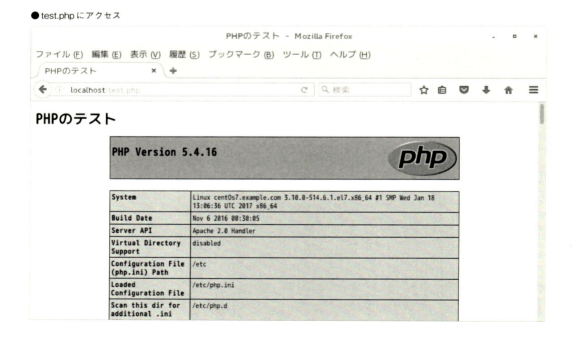

3-3-3 event MPMでPHPを動作させるには

　この状態では、PHPはApacheのMPMがpreforkでないと動作しません。続いて、MPMの設定ファイル「/etc/httpd/conf.modules.d/00-mpm.conf」で、次のようにMPMをevent MPMに設定した場合に、PHPを動作させる方法について説明しましょう。

●/etc/httpd/conf.modules.d/00-mpm.conf（event MPMに設定）

```
# Select the MPM module which should be used by uncommenting exactly
# one of the following LoadModule lines:

# prefork MPM: Implements a non-threaded, pre-forking web server
# See: http://httpd.apache.org/docs/2.4/mod/prefork.html
#LoadModule mpm_prefork_module modules/mod_mpm_prefork.so

# worker MPM: Multi-Processing Module implementing a hybrid
# multi-threaded multi-process web server
# See: http://httpd.apache.org/docs/2.4/mod/worker.html
#
#LoadModule mpm_worker_module modules/mod_mpm_worker.so

# event MPM: A variant of the worker MPM with the goal of consuming
# threads only for connections with active processing
# See: http://httpd.apache.org/docs/2.4/mod/event.html
#
LoadModule mpm_event_module modules/mod_mpm_event.so        ←event MPM
を有効
```

　方法はいくつかありますが、ここでは**php-fpm**パッケージを使用する手順を示します。

1．yumコマンドでphp-fpmパッケージをインストールします。

```
# yum install php-fpm  Enter
読み込んだプラグイン：fastestmirror, langpacks
base                                                    | 3.6 kB
00:00
extras                                                  | 3.4 kB
```

第3章　CGI、SSI、PHPを利用するには　｜　83

```
00:00
updates                                                    |  3.4 kB
00:0
```
　……略……

2. systemctl コマンドで php-fpm を CentOS のサービスとして有効にします。

```
# systemctl enable php-fpm Enter
Created symlink from
/etc/systemd/system/multi-user.target.wants/php-fpm.service to
/usr/lib/systemd/system/php-fpm.service.
# systemctl start php-fpm Enter
```

3. PHP の設定ファイル「/etc/httpd/conf.d/php.conf」を変更します。
　　まず、<File Match>部分を変更します。

```
<FilesMatch \.php$>
    SetHandler application/x-httpd-php
</FilesMatch>
```

　　　　↓

```
<FilesMatch \.php$>
    SetHandler "proxy:fcgi://127.0.0.1:9000"
</FilesMatch>
```

　　また、最後の2行をコメントにします。

```
#php_value session.save_handler "files"
#php_value session.save_path    "/var/lib/php/session"
```

　以上で、Apache を再起動して設定を反映させれば、event MPM で PHP が動作するようになります。

84 │ 第3章　CGI、SSI、PHP を利用するには

第4章　セキュリティと認証の基本を知ろう

◉

この章では、Apacheに用意されている基本的なセキュリティ機能を取り上げます。まず、ホスト名やIPアドレスによってディレクトリごとにアクセス制御を行う方法について説明し、そのあとでユーザ名とパスワードでユーザ認証する方法、およびSSLを使用した通信の暗号化について解説します。

4-1　IPアドレスによるアクセス制御

Apacheでは、クライアントのIPアドレスによってアクセスを許可、もしくは拒否するといったことができます。アクセス制御の設定はディレクトリやファイルなどのセクションごとに行えますので、特定のWebページを外部から見えないようにするといった設定も可能です。

4-1-1　ホストに応じてアクセス制御を設定する

　Apacheのホストベースのアクセス制御を担当するのは、**authz_host_module**モジュール（旧mod_accessモジュール）です。/etc/httpd/conf.modules.d/00-base.conf内の次のLoadModuleディレクティブによってロードされています。

```
LoadModule authz_host_module modules/mod_authz_host.so
```

■アクセス制御を担当するRequireディレクティブ

　Apache 2.4以降では、ホストベースのアクセス制御に**Require**ディレクティブを使用します。それ以前のApacheの場合、Requireディレクティブは、ユーザやグループによるアクセス制御にのみ使用されていましたが、Apache 2.4以降ではアクセス制御全般に使用されるようになりました。

　たとえば、DocumentRootに設定されている/var/www/htmlディレクトリでは、デフォルトで次のように設定されています。

●httpd.conf（一部）
```
<Directory "/var/www/html">
    ……略……
    Require all granted      ←①
</Directory>
```

　①のRequireディレクティブは、全て「**all**」にアクセスを許可する「**granted**」、つまりアクセス制御を行わないという設定です。

　なお、Apache 2.4より前のバージョンでは、IPアドレスによるアクセス制御をOrder、Allow、Denyの3つのディレクティブで行っていました。たとえば、「Require all granted」は旧バージョンだと次のように記述されていました。

86　第4章　セキュリティと認証の基本を知ろう

```
Order allow,deny
Allow from all
```

■アクセス制御の設定例

　例として、/var/www/html/secretディレクトリに対して、IPアドレスが「127.0.0.1」のみ、つまりローカルホストからのみのアクセスを許可するように設定していみましょう。この場合、<Directory "/var/www/html/secret">でセクションを設定し、内部にRequireディレクティブを記述します。

●httpd.confの設定例（一部）
```
<Directory "/var/www/html/secret">
   Require ip 127.0.0.1      ←①
</Directory>
```

　①のように「Require ip IPアドレス」とするとそのIPアドレスのホストからの接続を許可します。

■条件を全て満たす<RequireAll>

　「Require not ip ～」とすれば、指定したIPアドレスのホストからのアクセスを拒否できます。ただし、これを、DocumentRootに設定されている/var/www/htmlディレクトリにそのまま記述してもエラーになります。

●httpd.confの設定例（一部）
```
<Directory "/var/www/html">
   ……略……
   Require not ip 192.168.1.8
</Directory>
```

　デフォルトではその上位の/var/wwwディレクトリにも「Require all granted」が設定されているため、「全て許可」もしくは「192.168.1.8」を拒否というおかしな条件になってしまうためです。この場合、必要な条件を**<RequireAll>**と**</RequireAll>**で囲みます。

●httpd.confの設定例（一部）
```
<RequireAll>
   Require all granted
   Require not ip 192.168.1.8
</RequireAll>
```

■いずれかの条件を満たせばよい＜RequireAny＞

なお、いずれかの条件に一致するホストを許可するには＜**RequireAny**＞を使用します。次の例はIPアドレスが、192.168.1.8と192.168.1.2の2つのホストのみにアクセスを許可します（実際にはデフォルトで＜RequireAny＞とみなされるので、＜RequireAny＞～＜/RequireAny＞は省略可能な場合がほとんどです）。

●httpd.confの設定例（一部）

```
<RequireAny>
    Require ip 192.168.1.8
    Require ip 192.168.1.2
</RequireAny>
```

■いろいろなホストの指定

Requireディレクティブでは、さまざまな形式でホストを指定できます。たとえば、ローカルホストからのアクセスを許可するには次のようにします。

```
Require local
```

また、「192.168.1.0/24」ネットワークからのアクセスを許可するには、ネットワークアドレスとネットマスクを「/」で接続して次のように記述します。

```
Require ip 192.168.1.0/24
```

■利用可能なメソッドを限定する

Requireディレクティブでは、利用可能なHTTPプロトコルのメソッドを限定することができます。次の例は、デフォルトのユーザごとのホームページスペースの設定ファイル「/etc/httpd/conf.d/userdir.conf」です。

●/etc/httpd/conf.d/userdir.conf（一部）

```
<Directory "/home/*/public_html">
    AllowOverride FileInfo AuthConfig Limit Indexes
    Options MultiViews Indexes SymLinksIfOwnerMatch IncludesNoExec
    Require method GET POST OPTIONS      ←①
</Directory>
```

①で、メソッドをGET、POST、OPTIONSに限定し、それ以外のメソッドを拒否しています。

88 ┃ 第4章　セキュリティと認証の基本を知ろう

4-1-2　アクセスコントロールファイルでアクセス制御を行う

　Requireディレクティブによるアクセス制御の設定は、アクセスコントロールファイル「.htaccess」で記述することもできます。その場合、httpd.conf（およびそれから読み込まれる設定ファイル）の該当セクションでは、**AllowOverride**ディレクティブで「**Limit**」を許可しておく必要があります。

■ユーザごとのWebサイトでアクセス制御を行う

　次にユーザごとのWebページ（/home/ユーザ名/public_htmlディレクトリ）に対して、「.htaccess」でアクセス制御を行う設定例を示します。

1. /etc/httpd/conf.d/userdir.confのAllowOverrideディレクティブでLimitを許可します。

●/etc/httpd/conf.d/userdir.conf
```
<Directory /home/*/public_html>
    AllowOverride FileInfo AuthConfig Limit Indexes    ←Limitを許可
    ……略……
```

2. ~/public_htmlの下のアクセスコントロールファイル「.htaccess」でアクセス制御のディレクティブを記述します。
　　次の例では、「192.168.1.0/24」ネットワークのホストからのアクセスを許可しています。

●~/public_html/.htaccess
```
Require ip 192.168.1.0/24
```

　以上で、Apacheを再起動して設定を反映させればアクセス制御が有効になります。

第4章　セキュリティと認証の基本を知ろう　｜　89

4-2　ベーシック認証でユーザを認証する

Apacheでは、Webページのアクセス時にユーザ名とパスワードによるユーザ認証を行うことができます。認証方式としてはユーザ情報が平文で流れるベーシック認証と、暗号化されるダイジェスト認証の2つが用意されています。当然のことながらダイジェスト認証のほうが安全です。まずは、古いWebブラウザでも使用できるベーシック認証から説明しましょう。

4-2-1　ベーシック認証の基本設定

　ベーシック認証には、**mod_auth_basic**モジュール（旧mod_authモジュール）が使用されます。/etc/httpd/conf.modules.d/00-base.confにより次のLoadModuleディレクティブでロードされています。

```
LoadModule auth_basic_module modules/mod_auth_basic.so
```

■/var/www/html/basicディレクトリでベーシック認証を行う

　ここでは、デフォルトのDocumentRootである「/var/www/html」ディレクトリの下に、basicディレクトリを用意して、そのディレクトリ以下にアクセスする場合にベーシック認証を行うための設定例を示します。

●httpd.conf（ベーシック認証の設定例1）
```
<Directory /var/www/html/basic>
        AuthType Basic      ←①
        AuthName "Restricted Pages"      ←②
        AuthUserFile "/etc/httpd/.passwds"      ←③
        Require user o2 taro      ←④
</Directory>
```

　①の**AuthType**ディレクティブで認証方式を指定します。ベーシック認証の場合には「**Basic**」となります。

　②の**AuthName**ディレクティブは「realm」と呼ばれる認証範囲の名前です（このようにスペースを含む場合にはダブルクォーテーション「"」で囲みます）。ブラウザの認証ダイアログには、このrealm名が表示されます。

90　｜　第4章　セキュリティと認証の基本を知ろう

③の**AuthUserFile**ディレクティブはパスワードファイルのパスの指定です。ここでは「/etc/httpd/.passwds」に設定しています。④の**Require**ディレクティブでは対象となるユーザを指定します。この例では「user」に続いて、ユーザ「o2」と「taro」に対してアクセスを許可しています。

■パスワードファイルを作成する

Apacheのユーザ認証では、システムの登録ユーザとは別に、独自にユーザ管理を行っています。まず、AuthUserFileディレクティブで指定したパスにパスワードファイルを作成し、**Require**ディレクティブで指定したユーザを登録しておく必要があります。

それには**htpasswd**コマンドを使用します。

【コマンド】

htpasswd：ベーシック認証のためのパスワードファイルを管理する

【書式】

htpasswd ＜オプション＞ ＜パスワードファイルのパス＞ ＜ユーザ名＞

まだパスワードファイルが存在しない場合には「-c」オプションを指定して、htpasswdコマンドを実行します。するとパスワードファイルが作成され、最初のユーザが登録されます。それ以降は「-c」オプションを指定しないでhtpasswdを実行します。次に「/etc/httpd/.passwds」にユーザ「o2」と「taro」を登録する例を示します。

```
# htpasswd -c /etc/httpd/.passwds o2 (Enter)      ←最初は「-c」オプションが必要
New password:□□□□ (Enter)    ←パスワードを入力
Re-type new password:□□□□ (Enter)      ←もう一度パスワードを入力
Adding password for user o2
# htpasswd /etc/httpd/.passwds taro (Enter)
New password:□□□□ (Enter)      ←パスワードを入力
Re-type new password:□□□□ (Enter)       ←もう一度パスワードを入力
Adding password for user taro
```

パスワードファイルが存在する状態で「-c」オプションを指定してhtpasswdを実行すると、それまでのパスワードファイルが消去されてしまうので注意してください。

■パスワードファイルの内容について

htpasswdコマンドを実行すると、パスワードファイル（この例では/etc/httpd/.passwds）の各行に、ユーザ名と暗号化されたパスワードの組み合わせが登録されます。

●/etc/httpd/.passwds

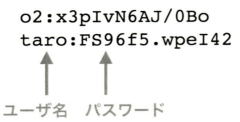

■ユーザ認証を実行する

設定が完了したら、Apacheを再起動して設定を反映させます。

apachectl restart [Enter]

以上で、Webブラウザから「http://ホスト名/basic/ファイル名」にアクセスすると、次のような認証のためのダイアログボックスが表示され、登録されているユーザ名とパスワードを入力することでWebページにアクセスできるようになります。

●認証ダイアログ

■すべての登録ユーザにアクセスを許可する

パスワードファイルに登録したすべてのユーザにアクセスを許可するにはRequireディレクティブに「**valid-user**」を指定して次のように変更します。

Require valid-user　　←登録ユーザすべてにアクセスを許可

4-2-2　グループにアクセスを許可するには

前述の例では、Requireディレクティブに「user」を指定し、その後ろにユーザ名を記述していました。この方法では、ディレクトリごとに、パスワードファイルに登録されているユー

ザの中でアクセス可能なユーザを限定できますが、ユーザ数が多い場合やWebページごとに許可するユーザを変更するには面倒です。そのため、複数のユーザをグループとしてまとめて管理する機能が用意されています。

■グループファイルを作成する

　グループ単位でアクセスを許可するには、まずグループファイルを用意し、各行を次の書式で設定します。

　　グループ名: ユーザ名1 ユーザ名2 ユーザ名3

　ユーザ名の区切りがカンマ「,」ではなくスペースである点に注意してください。
　たとえばグループファイルとして「/etc/httpd/.groups」を作成し、次のように「admin」グループにユーザを登録したとします。

●/etc/httpd/.groups
```
admin: o2 eto yamada
```

　設定ファイルでは**AuthGroupFile**ディレクティブでグループファイルのパスを指定し、**Require**ディレクティブでは「group」に続けてグループ名を指定します。

●httpd.conf（ベーシック認証の設定例2）
```
<Directory /var/www/html/basic>
        AuthType Basic
        AuthName "Restricted Pages"
        AuthUserFile "/etc/httpd/.passwds"
        AuthGroupFile "/etc/httpd/.groups"    ←グループファイルの指定
        Require group admin    ←アクセス可能なグループを指定
</Directory>
```

4-3　より安全なダイジェスト認証

本節で紹介するダイジェスト認証は、Basic 認証に比べてより安全なユーザ認証です。最近では、ほぼ全ての Web ブラウザがダイジェスト認証をサポートしています。

4-3-1　ダイジェスト認証の設定例

　ダイジェスト認証用のモジュールとしては、**mod_auth_digest** が使用されます。/etc/httpd/conf.modules.d/00-base.conf により次の LoadModule ディレクティブでロードされています。

```
LoadModule auth_digest_module modules/mod_auth_digest.so
```

■/var/www/html/digest ディレクトリでダイジェスト認証を行う

　次に、/var/www/html/digest ディレクトリ以下でダイジェスト認証を行うための <Directory> セクションの設定例を示します。

●httpd.conf（ダイジェスト認証の設定例）

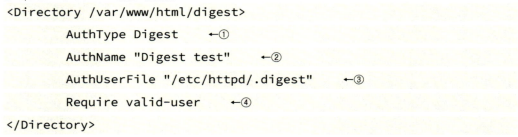

　ダイジェスト認証の場合、①の **AuthType** ディレクティブで「**Digest**」を指定します。②の **AuthName** ディレクティブは realm の設定、③の **AuthUserFile** ディレクティブはダイジェスト認証に使用されるユーザ情報が格納されるファイルのパスの指定です。
　④の **Require** ディレクティブは Basic 認証の場合と同じくアクセス可能なユーザの指定ですが、ここでは「valid-user」を設定し登録ユーザすべてに許可しています。

4-3-2　ユーザ情報の登録

　ダイジェスト認証のためのユーザ登録は Basic 認証とは別に行う必要があります。コマンド

には**htdigest**コマンドを使用します。

【コマンド】

　　htdigest：ダイジェスト認証のためのパスワードファイルを管理する

【書式】

　　htdigest <オプション> <パスワードファイル> <realm名> <ユーザ名>

　「realm名」には、AuthNameディレクティブで指定した名前を設定します。次にダイジェスト認証のためのパスワードファイル「/etc/httpd/.digest」を作成し、ユーザ「o2」と「taro」を追加する例を示します。Basic認証のhtpasswdコマンドと同じく、ファイルを新たに作成する場合には「-c」オプションを指定します。

```
# htdigest -c /etc/httpd/.digest "Digest test" o2 Enter     ←最初は
「-c」オプションが必要
Adding password for o2 in realm Digest test.
New password:□□□□ Enter    ←パスワードを入力
Re-type new password:□□□□ Enter    ←もう一度パスワードを入力
# htdigest /etc/httpd/.digest "Digest test" taro Enter
Adding user taro in realm Digest test
New password:□□□□ Enter    ←パスワードを入力
Re-type new password:□□□□ Enter    ←もう一度パスワードを入力
```

■ダイジェスト認証を実行する

　設定が完了したら「apachectl restart」コマンドを実行し、Apacheに反映させます。

```
# apachectl restart Enter
```

　以上で、Webサーバから「http://ホスト名/digest/ファイル」にアクセスすると、認証のためのダイアログボックスが表示され、あらかじめ登録されているユーザ名とパスワードを入力することでWebページにアクセスできるようになります。

第4章　セキュリティと認証の基本を知ろう　│　95

●認証ダイアログ

ユーザ名とパスワードを入力してください

http://www2.example.com の "Digest test" に対するユーザ名とパスワードを入力してください

ユーザ名: o2

パスワード: ●●●●●●●

キャンセル　　OK

96 ｜ 第4章　セキュリティと認証の基本を知ろう

4-4 SSLによる暗号化通信

SSLは「Secure Socket Layer」の略で、ネットワークの暗号化に使用されるプロトコルです。もともとはNetscape社によって開発されたものですが、現在ではほとんどのWebブラウザに実行され、オンラインショッピングなどに欠かせない存在になっています。またWebだけでなく、さまざまなプロトコルで利用されています。SSLによる通信を行うには正式な認証局によって認証された証明書が必要になりますが、ここではテスト用の証明書を使用する方法について解説します。

4-4-1 SSLの概要

SSLでは**公開鍵暗号方式**という、公開鍵と秘密鍵のペアを使用した暗号方式を採用しています。公開鍵暗号を行うには、あらかじめ相手の公開鍵を受け取る必要があります。ただし、Webの場合に、接続先が見ず知らずのサイトであることが多いため、サイトの正当性を判断することが難しくなります。そのため、第三者によって発行された、Webサーバの公開鍵が正しいものであることを証明する「デジタル証明書」によって、Webサーバの正当性を確かめています。もちろん、デジタル証明書を発行できるのは信頼できる機関である必要がありますが、それを「**認証局**」（CA：Certification Authority）と呼びます。認証局は「ルート認証局」を頂点とする階層構造で構成され、上位の認証局から順に下位の認証局を認証していきます。

たとえば日本では日本ベリサイン（http://www.verisign.co.jp）などの認証局が、SSL証明書を発行しています（もちろん有償です）。なお、正式なデジタル証明書がない場合でも、テスト用の証明書や、自分で作成した証明書を作ることによって暗号化通信は行えます。

■SSLのURLについて

SSLで接続する場合、URLのスキームは「http://」ではなく「**https://**」となります。また、ネットワークポートにはデフォルトで443番ポートが使用されます（HTTPの80番ポートとは異なる点に注意してください）。

```
https://www.example.com/
   ↑
「https」を指定する
```

第4章 セキュリティと認証の基本を知ろう 97

■Webブラウザで証明書を確認する

　SSLを使用するにはSSL対応のWebブラウザが必要ですが、現在利用されているほとんどのメジャーなWebブラウザはSSLに対応し、あらかじめ認証局による証明書がインストールされています。したがって一般的なオンラインショッピングサイトなどには証明書の確認なしにSSLで接続できるわけです。

　Firefoxの場合には、次のようにして現在インストールされている認証局の証明書を確認できます。

1. ツールバー右にある3本の横棒のアイコンをクリックすると表示されるメニューから「設定」を選択し「設定」ダイアログを開きます。
2. 左の一覧から「詳細」を選択し、「証明書」パネルを開いて、「証明書を表示」をクリックします。

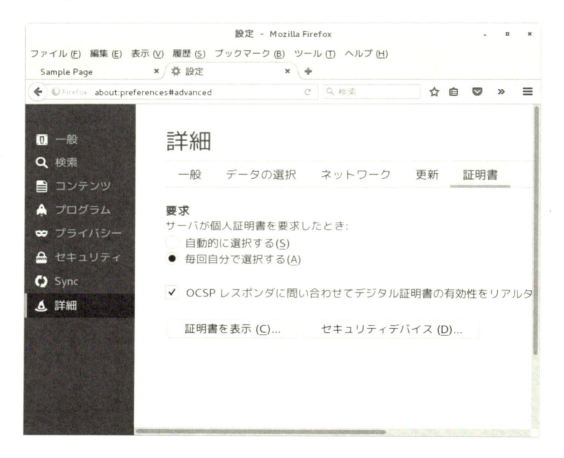

3. 「証明書マネージャ」が起動します。「認証局証明書」パネルを開くと、インストールされている認証局の証明書の一覧が表示されます。

4．証明書を選択し、「表示」ボタンをクリックすると証明書の内容が表示されます。

```
証明書ビューア: "Default Trust:Global Chambersign Root - 2008"
```

一般 (G) | 詳細 (D)

この証明書は以下の用途に使用する証明書であると検証されました:

SSL Certificate Authority

発行対象
一般名称 (CN)   Global Chambersign Root - 2008
組織 (O)   AC Camerfirma S.A.
部門 (OU)   <証明書に記載されていません>
シリアル番号   00:C9:CD:D3:E9:D5:7D:23:CE
発行者
一般名称 (CN)   Global Chambersign Root - 2008
組織 (O)   AC Camerfirma S.A.
部門 (OU)   <証明書に記載されていません>
証明書の有効期間
発行日   2008年08月01日
有効期限   2038年07月31日
証明書のフィンガープリント
SHA-256 フィンガープリント 13:63:35:43:93:34:A7:69:80:16:A0:D3:24:DE:72:28:
                        4E:07:9D:7B:52:20:BB:8F:BD:74:78:16:EE:BE:BA:CA

SHA1 フィンガープリント   4A:BD:EE:EC:95:0D:35:9C:89:AE:C7:52:A1:2C:5B:29:F6:D6:AA:0C
```

                                                          閉じる (C)
```

4-4-2　mod_sslをインストール

　SSLを使用する際には、**mod_ssl**パッケージが必要となります。次のようにyumコマンドでインストールします。

```
# yum install mod_ssl (Enter)
読み込んだプラグイン:fastestmirror, langpacks
Loading mirror speeds from cached hostfile
 * base: ftp.iij.ad.jp
 * extras: ftp.iij.ad.jp
 * updates: ftp.iij.ad.jp
    ……略……
```

100 | 第4章 セキュリティと認証の基本を知ろう

mod_sslパッケージをインストールすると、/etc/httpd/conf.modules.d/00-ssl.conf
が作成されLoadModuleディレクティブによりmod_sslモジュールがロードされます。

●/etc/httpd/conf.modules.d/00-ssl.conf
```
LoadModule ssl_module modules/mod_ssl.so
```

■テスト用の証明書について

　mod_sslパッケージには、テスト用の仮の証明書が/etc/pki/tls/certs/localhost.crt
として用意されています。
```
$ ls -l /etc/pki/tls/certs/localhost.crt (Enter)
-rw-------. 1 root root 1456  3月 16 16:23
/etc/pki/tls/certs/localhost.crt
```

　証明書の中身は単なるテキストファイルなのでcatコマンドなどで中身を確認できます。
```
# cat /etc/pki/tls/certs/localhost.crt (Enter)
-----BEGIN CERTIFICATE-----
MIIEBjCCAu6gAwIBAgICZkowDQYJKoZIhvcNAQELBQAwgbcxCzAJBgNVBAYTAi0tMRIw
EAYDVQQIDAlTb21lU3RhdGUxETAPBgNVBAcMCFNvbWVDaXR5MRkwFwYDVQQKDBBTb21l
T3JnYW5pemF0aW9uMR8wHQYDVQQLDBZTb21lT3JnYW5pemF0aW9uYWxVbml0MRwwGgYD
VQQDDBNjZW50T3M3LmV4YW1wbGUuY29tMScwJQYJKoZIhvcNAQkB
        ……略……
dSxrf0DUjsnCih8qY2eLJO040N0r1/YhYeEDJju98Ei0tiv3VSTG26ZZiizMmJRAVlbh
DwlHTxCwTcs1fiHRwu1e8CA9tuHabvpRkxxo49Hxfq9pNyT+TirDQmku8RECWLJa93Yj
OZV6+STBU+MkcZDnySISOluqY2ZDceI3kHVVUobxHeWuj8kuYiSEybr5HtuBMp6Oc9Hx
uln7kA2gaCm8DY1bhkj9VwqSMcjDgctudyr80fFK+AUY/J5aFG4hhIC96L6Cjo65r08n
y99UuSlvOSpk4cvRNYA=
-----END CERTIFICATE-----
```

　これは、正式な認証局で認定されていない、いわゆる「オレオレ証明書」と呼ばれるもので
すが、暗号化した通信は可能です。

■設定ファイルを確認する

　mod_sslパッケージをインストールすると、設定ファイル
「/etc/httpd/conf.d/ssl.conf」が用意されます。次のような**SSLCertificateFile**
ディレクティブで証明書のパスが指定されています。
```
SSLCertificateFile /etc/pki/tls/certs/localhost.crt
```

また、**SSLCertificateKeyFile**ディレクティブではサーバ鍵のパスが指定されています。

```
SSLCertificateKeyFile /etc/pki/tls/private/localhost.key
```

■Apacheを再起動する

mod_sslモジュールをインストールしたら、Apacheを再起動して設定を反映させます。

```
# apachectl restart [Enter]
```

4-4-3 テスト用の証明書でアクセスする

テスト用の証明書は正式なCA（認証局）によって認証されたものではないため、Webブラウザで「https://ホスト名/ファイルのパス」にアクセスすると警告のダイアログボックスが表示されます。

■Firefoxでアクセスする

Firefoxを例にアクセスを許可する方法について説明しましょう。

1. 「https://〜」としてアクセスするとダイアログボックスに「安全な接続ではありません」と表示されます。

2.「エラー内容」ボタンをクリックし、「例外を追加」ボタンをクリックします。

3. 「セキュリティ例外を追加」ダイアログボックスが表示されるので「証明書を取得」ボタンをクリックします。すると、「証明書の状態」が「不正な証明書です」となります。

●証明書を取得

セキュリティ例外の追加
例外的に信頼する証明書としてこのサイトの証明書を登録しようとしています。 **本物の銀行、通信販売、その他の公開サイトがこの操作を求めることはありません。**
サーバ 　URL: https://www2.example.com/sample.htm　　証明書を取得 (G)
証明書の状態 このサイトでは不正な証明書が使用されており、 サイトの識別情報を確認できません。　　　　　表示 (V)... **他のサイトの証明書です** 他のサイト用の証明書が使われています。誰かがこのサイトを偽装しようとしています。 **不明な証明書です** 安全な署名を使っている信頼できる認証局が発行されたものとして検証されていないため、このサイトの証明書は信頼されませ ☑ 次回以降にもこの例外を有効にする(P)
セキュリティ例外を承認 (C)　　　　　　　　　　　　キャンセル

4. 「セキュリティ例外を承認」ボタンをクリックすると、証明書が一時的に受け付けられSSLによる暗号化された通信が行われます。Firefoxでは、左に鍵のアイコンが表示され、通信の内容が暗号化されていることを示します。

■証明書を確認する

接続先のWebサイトの証明書を確認するには次のようにします。

1. 鍵のアイコンをクリックし、表示されるメニューの右のボタンをクリックすると「このサイトはあなたがセキュリティ例外として追加しました」と表示されます。

↓

2.「詳細を表示」ボタンをクリックすると表示されるダイアログボックスで、「証明書を表示」ボタンをクリックします。

証明書ビューア："centOs7.example.com"

一般 (G) | 詳細 (D)

発行者が不明であるため、この証明書の有効性を検証できませんでした。

発行対象
一般名称 (CN)　　　　　centOs7.example.com
組織 (O)　　　　　　　SomeOrganization
部門 (OU)　　　　　　SomeOrganizationalUnit
シリアル番号　　　　　66:4A
発行者
一般名称 (CN)　　　　　centOs7.example.com
組織 (O)　　　　　　　SomeOrganization
部門 (OU)　　　　　　SomeOrganizationalUnit
証明書の有効期間
発行日　　　　　　　　2017年03月16日
有効期限　　　　　　　2018年03月16日
証明書のフィンガープリント
SHA-256 フィンガープリント　A2:4A:7B:09:43:BF:64:18:60:07:5D:6F:A7:D2:B3:BE:
　　　　　　　　　　　33:C4:7F:82:88:BB:20:57:8D:D2:86:A0:58:ED:D0:C2

SHA1 フィンガープリント　3D:16:2A:82:D3:F5:7D:7F:FF:44:18:84:C9:71:8C:9E:A6:54:EB:EC

閉じる (C)

108　　第4章　セキュリティと認証の基本を知ろう

5

第5章 覚えておきたいApache の便利機能

◉

この章は、Apacheに用意されているさまざまな便利機能を紹介します。まず、OSに依存しないファイル共有機能であるWebDAVについて説明します。続いて、Apacheの動作状況を確認するのに便利なログファイルの管理機能、バーチャルホスト、最後にWordPressを使用したブログサイトの構築について説明します。

5-1　WebDAVによるファイル共有

現在、ネットワーク経由でファイル共有を行うプロトコルは、FTPやNFSあるいはSambaなど多岐にわたります。そんな中で、とくにOSに依存しない、およびファイアウォールの設定が楽といった理由から注目を集めているのが、Webを利用したファイル共有を可能にするWebDAVです。この節では、WebDAVの概要と基本設定について説明します。

5-1-1　WebDAVとは

WebDAVは「Web-based Distributed Authoring and Versioning」の頭文字で、その名前が示す通り、本来はネットワーク経由のWebサイトのオーサリングやバージョン管理を目的としたプロトコルです。これまでも、Webを介したファイル共有は一般的に行われてきました。ただし、Webクライアントから可能なのはファイルのダウンロードのみで、ファイルをアップロードすることはできませんでした。その理由はもともとHTTPプロトコルにはファイルの書き込みを行うメソッドが用意されていないためです。そこで考えだされたのが、HTTP/1.1を拡張して、ファイルの書き込みや、コピー、移動、ロックのためのメソッドを追加したWebDAVです。

■WebDAVのメリット

WebDAVによるファイル共有の最も大きなメリットはセキュリティが確保しやすいという点です。WebDAVに必要なネットワークポートは、HTTPで使用されるポート（デフォルトでは80番ポート）のみです。したがって、これまで通常のWebサーバを公開していた場合は、ファイアウォールの設定を変更する必要がありません。

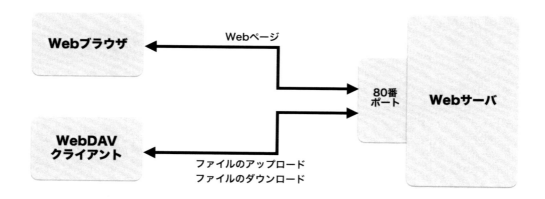

WebDAVはもともと複数のユーザでひとつのファイルを編集することを前提にしているため、ファイルのロック機能が用意されています。ロックとは複数のユーザが同じファイルを同時に変更しないようにするための仕組みです。WebDAVは共有ロック方式を採用しています。共有ロックでは、誰かがファイルの編集を行っている場合には、別のユーザには読み込みだけを許可します。

■ ApacheのWebDAV機能

WebDAVでファイル共有を行うにはWebDAVサーバが必要ですが、多くの場合Webサーバの拡張機能として用意されています。Apacheには、デフォルトでWebDAV機能を提供するモジュールが含まれています。したがって、設定を行えばすぐにApacheをWebDAVサーバとして動作させることができます。

なお、WebDAVで公開するディレクトリの設定もhttpd.confなどの設定ファイルに記述できますので、前節で説明したアクセス制御やユーザ認証がそのまま使用できます。また、SSLによる暗号化も可能です。

5-1-2　WebDAVの基本設定

ApacheでWebDAVを利用するためには、**mod_dav**と、**mod_dav_fs**、**mod_dav_lock**の3つのApacheモジュールが必要です。CentOSの**/etc/httpd/conf.modules.d/00-dav.conf**にはあらかじめ次のようなディレクティブが記述されているはずです。

●/etc/httpd/conf.modules.d/00-dav.conf
```
LoadModule dav_module modules/mod_dav.so

LoadModule dav_fs_module modules/mod_dav_fs.so

LoadModule dav_lock_module modules/mod_dav_lock.so
```

■共有ディレクトリの設定

ここでは例として、**/var/www/dav**ディレクトリで、WebDAVを有効にして、共有ディレクトリとして公開する方法を示しましょう。まず、/var/www/davディレクトリを作成し、オーナと所有グループをApacheの実効ユーザである「apache」に設定します。

```
# cd /var/www/ (Enter)
# mkdir dav (Enter)
# chown apache:apache dav (Enter)
```

第5章　覚えておきたいApacheの便利機能　│　111

■WebDAVの設定ファイルの作成

続いて、作成した共有ディレクトリに対してWebDAVを有効にさせるために、次のような設定ファイルを作成し**/etc/httpd/conf.d/dav.conf**として保存します。

●/etc/httpd/conf.d/dav.conf

```
<IfModule mod_dav_fs.c>
    # Location of the WebDAV lock database.
    DAVLockDB /var/lib/dav/lockdb      ←①
    Alias /dav /var/www/dav     ←②
    <Location /dav>      ←③
        DAV On     ←④
    </Location>
</IfModule>
```

①の**DAVLockDB**ではロックファイルのパスを指定しています。

②の**Alias**ディレクティブでは/var/www/davディレクトリをURLの/davにマップしています。③ではその「/dav」のセクションを設定し、④の「DAV On」でWebDAVを有効にしています。

設定ファイルを変更したら、Apacheを再起動して設定を反映させます。

```
# apachectl configtest (Enter)
Syntax OK
# apachectl restart (Enter)
```

■SELinuxの設定

SELinuxの設定によっては、WebDAV経由での/var/www/davディレクトリ以下の書き換えができません。SELinuxを有効にしている場合に、ファイルをアップロードしたり削除したりできるようにするには、次のように**chcon**コマンドを実行してください。

```
# chcon -R -t httpd_sys_rw_content_t /var/www/dav (Enter)
```

■WebDAVクライアントからアクセスする

WebDAVクライアントは、OS標準のものから別アプリケーションまでさまざまなものがあります。たとえばmacOSのFinderはWebDAVクライアントとして利用可能です。

次に、macOSのFinderからCentOSのWebDAVサーバにアクセスする例を示します。

1．「移動」メニューから「サーバへ接続」を選択します。
2．「サーバアドレス」に「http://ホスト名/パス」を指定します。前述の例のように/var/www/davディレクトリを公開している場合には「http://ホスト名/dav」を指定します。

3．「接続」ボタンをクリックすると、WebDAVサーバの公開ディレクトリがFinderにマウントされ、アクセスできるようになります。

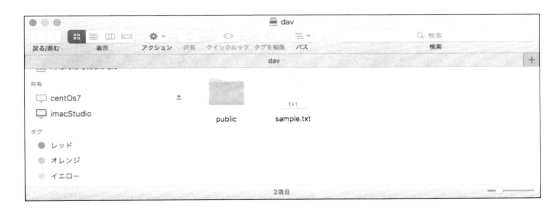

5-1-3 アクセス制御と認証の設定

WebDAVで公開するディレクトリは、通常のWebページと同様にApacheの設定ファイルでアクセス制御やユーザ認証が行えます。また同じディレクトリを通常のWebサイトとして公開することもできます。ここでは、前述の/var/www/davディレクトリに対して次のような設定例を考えます。

①Webページとしてアクセスした場合にすべてのホストにアクセスを許可
②192.168.1.0/24ネットワーク内のホストのみにWebDAVとしての接続を許可。ユーザ認証としてダイジェスト認証を行う

以上のことをふまえて、WebDAVの設定ファイル「/etc/httpd/conf.d/dav.conf」を変更してみましょう。次に、修正後の<IfModule mod_dav_fs.c>セクションを示します。

●/etc/httpd/conf.d/dav.conf（一部）

```
<IfModule mod_dav_fs.c>
    # Location of the WebDAV lock database.
    DAVLockDB /var/lib/dav/lockdb
    Alias /dav /var/www/dav
    <Location /dav>
        DAV On
        <Limit GET POST OPTIONS>       ←①
            Options Indexes
            Require all granted
        </Limit>
        <LimitExcept GET POST OPTIONS>  ←②
            AuthType Digest    ←③
            AuthName "Shared"
            AuthUserFile "/etc/httpd/.digest"
            <RequireAll>       ←④
                Require ip 192.168.1.0/24
                Require valid-user
            </RequireAll>
        </LimitExcept>
    </Location>
</IfModule>
```

①の**<Limit>**セクションではメソッドをGET、POST、OPTIONS、つまりWebページを要求するメソッドが実行された場合にはすべてのホストにアクセスを許可します。②の**<LimitExcept>**セクションがWebDAVのための設定です。GET、POST、OPTIONS以外のメソッドが実行された場合のために、Digest認証、およびアクセス制御のディレクティブを記述しています。③から4行がダイジェスト認証の設定、④から4行がアクセス制御に関する設定です。

■Webページにアクセスする

　設定が完了したら「apachectl restart」コマンドを実行し、Apacheに設定を反映させます。以上で、Webブラウザから「http:ホスト名/dav/」にアクセスした場合には、ディレクトリの内容が一覧表示されます。

●Webブラウザからアクセス

■WebDAVの共有ディレクトリにアクセスする

　WebDAVクライアントから「http://ホスト名/dav/」にユーザ名なしでアクセスした場合には、まずユーザ認証のためのダイアログが表示されます。登録されているユーザ名とパスワードを入力することでWebDAVとして接続できます。

●認証を経てWebDAVに接続

第5章　覚えておきたいApacheの便利機能

↓

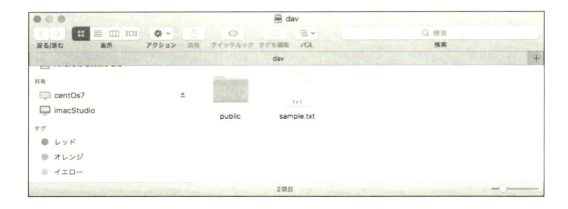

5-1-4　Linux用のWebDAVクライアント「Cadaver」

　Linux用のWebDAVクライアントとして、ターミナル上で動作するCUIアプリである**Cadaver**を紹介しましょう。CentOS 7にはCadavarのパッケージが用意されているので、次のようにyumコマンドでインストールできます。

```
# yum install cadaver Enter
読み込んだプラグイン:fastestmirror, langpacks
      ……略……
```

　使い方は簡単です。ターミナル上で次のように実行します。

```
cadvar http://ホスト名/パス
```

　認証が必要な場合ユーザ名とパスワードを入力するとログインが完了し、プロンプトが表示されます。コマンドラインと同じくlsやcdといった基本コマンドのほか、次のような転送コマンドが使用できます。

・**ファイルのアップロード**
　　put　ファイルのパス
・**ファイルのダウンロード**
　　get　ファイルのパス

■Cadaverの実行例

　次に、WebDAVサーバ「centos7.example.com」のdavディレクトリに接続し、ファイル転送を行う例を示します。

```
# cadaver http://centos7.example.com/dav (Enter)
Authentication required for Shared on server 'centos7.example.com':
Username: o2 (Enter)
Password: (Enter)      ←パスワードを入力
dav:/dav/> ls (Enter)
Listing collection '/dav/': succeeded.
Coll:    public                                0    3月 16 23:02
         sample.txt                           43    3月 16 17:00
dav:/dav/> get sample.txt (Enter)      ←ダウンロード
Downloading '/dav/sample.txt' to sample.txt:
Progress: [=============================>] 100.0% of 43 bytes
succeeded.
dav:/dav/> put myfile.txt (Enter)      ←アップロード
Uploading myfile.txt to '/dav/myfile.txt':
Progress: [=============================>] 100.0% of 43 bytes
succeeded.
```

　なお、利用可能な一覧はhelpコマンドを引数なしで実行することで確認できます。各コマンドの使い方は「help コマンド名」で表示されます。Cadaverを終了するにはexitコマンドを実行します。

```
dav:/dav/> help (Enter)
Available commands:
 ls          cd          pwd         put         get         mget
mput
 edit        less        mkcol       cat         delete      rmcol
copy
 move        lock        unlock      discover    steal       showlocks
version
 checkin     checkout    uncheckout  history     label       propnames
chexec
 propget     propdel     propset     search      set         open
close
 echo        quit        unset       lcd         lls         lpwd
logout
 help        describe    about
Aliases: rm=delete, mkdir=mkcol, mv=move, cp=copy, more=less,
```

第5章　覚えておきたいApacheの便利機能 ｜ 117

```
quit=exit=bye
dav:/dav/> help mget Enter
 'mget remote...'   Download many remote resources
This command can only be used when connected to a server.
dav:/dav/> exit Enter
Connection to 'centos7.example.com' closed.
```

5-2　ログファイルの活用

Apacheでは、クライアントからのアクセスに応じて多くのログが記録されます。Webサーバの安全な運用のためには、どのようなログがどこに記録されているかを把握し、それらを定期的にチェックすることが重要です。この節では、Apacheのログファイルの概要、および、AWStatsを使用したログレポートの作成について説明します。

5-2-1　いろいろなログファイル

　Apache関連のログファイルは、**/var/log/httpd**（/etc/httpd/logs）ディレクトリ以下にまとめられています。これらのログファイルはシステム標準のログ機能ではなく、Apacheが直接書き出しています。

```
# ls /var/log/httpd/ Enter
access_log              access_log-20170312   error_log-20170305
ssl_error_log
access_log-20170304   error_log                error_log-20170312
ssl_request_log
access_log-20170305   error_log-20170304    ssl_access_log
```

　基本は**アクセスログ**（access_log）と**エラーログ**（error_log）ですが、それ以外にもロードされているモジュールやバーチャルホストの設定に応じたログファイルがあります。次表にApacheが生成する主なログファイルの概要をまとめておきます。

● Apacheのログファイル

ファイル名	説明
access_log	クライアントからアクセスされたファイルに関するログ
error_log	Apacheの起動情報やエラーに関するログ
ssl_error_log	SSLのエラーや警告に関するログ
ssl_access_log	クライアントからSSLによってアクセスされたファイルに関するログ

　/var/log/httpdディレクトリは、/etc/httpd/logsディレクトリにシンボリックリンクが張られています。

```
# ls -l /etc/httpd/ Enter
```

第5章　覚えておきたいApacheの便利機能　| 119

```
……略……
lrwxrwxrwx. 1 root root  19  3月  5 17:09 logs ->
../../var/log/httpd
……略……
```

なお、次節で説明するバーチャルホストを有効にしている場合には、「ホスト名-access_log」および「ホスト名-error_log」が作成されます。また、システム標準のログファイルと同じように、Apache関連のログもログローテーション機能により定期的にバックアップされていきます。

5-2-2 アクセスログ（access_log）

アクセスログ（access_log）は、Apacheがクライアントに転送したファイルの情報が記録されるログファイルです。そのため「転送ログ」とも呼ばれます。ログのフォーマットは**LogFormat**ディレクティブで指定可能です。

```
LogFormat <"書式"> <フォーマット名>
```

ログの出力先、および使用するフォーマットは**CustomLog**ディレクティブで指定されます。

```
CustomLog <ログファイルのパス> <使用するフォーマット名>
```

■ 「combined」と「common」の2つのフォーマット

CentOSのhttpd.confではLogFormatディレクティブによって「**combined**」「**common**」という2つのフォーマットが定義されています。デフォルトでは「**combined**」が使用されます。

● httpd.conf（一部）
```
<IfModule log_config_module>
    ……略……
    LogFormat "%h %l %u %t \"%r\" %>s %b \"%{Referer}i\"
\"%{User-Agent}i\"" combined    ←①
    LogFormat "%h %l %u %t \"%r\" %>s %b" common    ←②
    ……略……
    CustomLog "logs/access_log" combined    ←③
</IfModule>
```

①でcombinedフォーマットを、②でcommonフォーマットを定義しています。③の

120 | 第5章 覚えておきたいApacheの便利機能

CustomLogディレクティブによりデフォルトで「combinded」を使用するようにしています。

combinedの場合には、「%h %l %u %t \"%r\" %>s %b \"%{Referer}i\" \"%{User-Agent}i\」といった書式が指定されていますが、これは次のような情報に変換されます。

●書式

記号	説明
%h	ホストのIPアドレス（HostnameLookupsディレクティブがOnの場合はホスト名）
%l	クライアントがidentdを使用していた場合のリモートログイン名
%u	認証に使用されたユーザ名
%t	リクエストの処理が完了した時刻
%r	リクエストの内容
%>s	ステータスコード
%b	転送量（レスポンスヘッダを除く）
\"%{Referer}i\"	リクエストヘッダのRefererの内容
\"%{User-Agent}i\""	リクエストヘッダのUser-Agentの内容

なお、対応する情報がない場合には「-」として記録されます。

■アクセスログファイルの例

③のCustomLogディレクティブで、ログの出力先は「logs/access_log」となっていますが、基準となるディレクトリを指定するServerRootディレクティブで「/etc/httpd」が設定されているため、「/etc/httpd/logs/access_log」（/var/log/httpd/access_log）に記録されます。次に、combinedフォーマットが使用された場合の実際のaccess_logの例を示します。

●/etc/httpd/logs/access_log の例
```
::1 - - [16/Mar/2017:23:52:43 +0900] "GET /sample.html HTTP/1.1"
200 167 "-" "Mozilla/5.0 (X11; Linux x86_64; rv:45.0)
Gecko/20100101 Firefox/45.0"    ←①
192.168.1.8 - - [16/Mar/2017:23:53:39 +0900] "GET /news.html
HTTP/1.1" 404 207 "-" "Mozilla/5.0 (Macintosh; Intel Mac OS X
10_12_3) AppleWebKit/602.4.8 (KHTML, like Gecko) Version/10.0.3
Safari/602.4.8"    ←②
```

①は「::1」、つまりIPv6のローカルホストからGETメソッドによるリクエストが行われたことを示しています。ステータスコードが「200」のためリクエストが正常に受け付けられたことがわかります。

第5章　覚えておきたいApacheの便利機能 | 121

②は、「192.168.1.8」からのGETメソッドですが、ステータスコードが「404」(Not Found)であるためリクエストされたファイルが見つからなかったことを示しています。

5-2-3 エラーログ（error_log）

エラーログ（error_log）は、Apacheの起動情報やリクエスト処理時の警告やエラーが記録されるログファイルです。また、CGIスクリプトが標準エラー出力に書き出したメッセージも記録できるため、CGIスクリプトのデバックに使用することもできます。

エラーログの設定は**ErrorLog**ディレクティブと**LogLevel**ディレクティブによって行われます。ErrorLogディレクティブで出力先のファイルを指定します。

また、LogLevelディレクティブによってどの程度重要なレベルまでロギングするかを設定します。

次に、LogLevelディレクティブの書式を示します。

```
LogLevel <レベル>
```

<レベル>では、ログの重要度を示します。

●レベル（緊急度の高い順）

レベル	説明
emerg	緊急
alert	直ちに対処する必要がある
crit	致命的な状態
error	エラー
warn	警告A
notice	重要な情報
info	追加情報
debug	デバッグ用のメッセージ

CentOSのhttpd.confでは、デフォルトで次のように設定されています。

●httpd.conf（エラーログの設定部分）

```
ErrorLog logs/error_log      ←出力ファイル
LogLevel warn      ←警告以上のメッセージを記録する
```

次にエラーログの例を示します。

●/etc/httpd/logs/access_log の例

```
[Thu Mar 16 21:59:48.219808 2017] [core:notice] [pid 4523:tid
140107230210176] AH00094: Command line: '/usr/sbin/httpd -D
```

122 | 第5章 覚えておきたいApacheの便利機能

```
FOREGROUND'  ←①
[Thu Mar 16 23:50:00.800799 2017] [authz_core:error] [pid 1292:tid
140149971736320] [client ::1:36214] AH01630: client denied by
server configuration: /var/www/html/sample.html    ←②
String found where operator expected at /var/www/cgi-bin/test2.cgi
line 4, near "print ""
  (Might be a runaway multi-line "" string starting on line 3)
    (Missing semicolon on previous line?)
syntax error at /var/www/cgi-bin/test2.cgi line 4, near "print ""
Unrecognized character \xE3; marked by <-- HERE after rint "<h1><--
HERE near column 12 at /var/www/cgi-bin/test2.cgi line 6.
[Fri Mar 17 00:04:12.799685 2017] [cgid:error] [pid 4527:tid
140106774038272] [client 192.168.1.8:50329] End of script output
before headers: test2.cgi    ←③
```

　①のnoticeレベルのログは、Apache終了／起動時の情報です。

　②のerrorレベルのログはアクセス制御で拒否されたエラー、同じく③はCGIスクリプトの
エラーです。

5-2-4　AWStatsによるアクセスログの解析

　Webサーバへのアクセス数の統計情報をグラフィカルに表示するツールにはさま
ざまなものがありますが、ここではビジュアルが美しくてわかりやすい**AWStats**
（http://www.awstats.org）を紹介しましょう。

■ AWStatsのインストール

　AWStatsはCentOS標準のリポジトリ用意されていないため、ここではFedoraプロジェクト
用の拡張パッケージ・リポジトリである**EPEL**（Extra Packages for Enterprise Linux）からイ
ンストールする方法について説明します。

1．まずEPELのリポジトリ自体のインストールを行います。

```
# yum install epel-release  Enter
    ……略……
```

2．「--enablerepo=epel」オプションを指定してyumコマンドを実行し、awstatsパッ
　　ケージのインストールを行います。

第5章　覚えておきたいApacheの便利機能　123

```
# yum --enablerepo=epel -y install awstats Enter
読み込んだプラグイン:fastestmirror, langpacks
    ……略……
```

■アクセス制御の設定について

AWStatsのApacheの設定ファイル「/etc/httpd/conf.d/awstats.conf」では、セキュリティを考慮しローカル以外のアクセスを拒否するよう設定されています。

●/etc/httpd/conf.d/AWStats.conf（一部）
```
    <IfModule mod_authz_core.c>
        # Apache 2.4
        Require local      ←ローカルのみ許可
    </IfModule>
```

外部からアクセスが必要な場合には必要に応じてRequireディレクティブを変更してください。たとえば、「192.168.1.0/24」ネットワークからの接続を許可するには次のようにします。

```
Require ip 192.168.1.0/24
```

■ログレポートを作成する

AWStatsのインストールが完了したら、Apacheを再起動するとAWStatsの設定が有効になります。

```
# apachectl restart Enter
```

初期状態では解析レポート・ファイルが作成されていません。コマンドラインでレポートファイルを手動で作成するには次のようにします。

```
# /usr/share/awstats/wwwroot/cgi-bin/AWStats.pl -config=ホスト名
-update Enter
    ……略……
```

なお、これ以降/etc/cron.hourly/awStatsにより1時間に1回レポート・ファイルが自動生成されます。

124   第5章　覚えておきたいApacheの便利機能

■AWStatsの解析情報を表示する

　以上で、ローカルホストから「http://ホスト名/awstats/awstats.pl」にアクセスすると、解析結果がグラフィカルに表示されます。

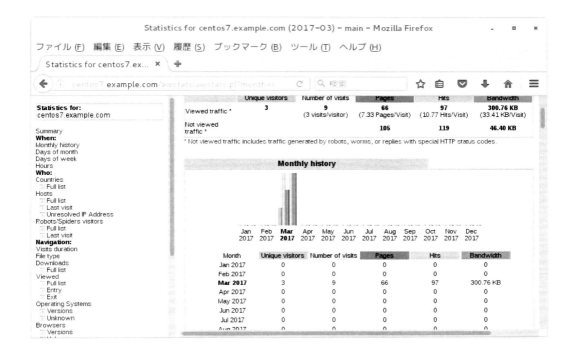

5-3　バーチャルホストの設定

バーチャルホストは、1つのホストを複数のWebサーバのように見せる機能です。ホスティングサービスなどではバーチャルホストを使用して、独自ドメインを実現しています。この節では、Apacheのバーチャルホスト機能の設定方法について説明します。

5-3-1　バーチャルホストの概要

バーチャルホストは、1つのホストを複数のWebサーバのように見せる機能です。たとえば、ホスティングサービスなどではバーチャルホストを使用して、独自ドメインを実現しています。この節では、Aapcheのバーチャルホスト機能の設定方法について説明します。バーチャルホストには、IPベースと名前ベースの2種類があります。

■IPベースのバーチャルホストの設定

IPベースのバーチャルホストは、IPアドレスによってDocumentRootディレクティブを振り分けます。つまり、IPベースのバーチャルホストを使うためには、ホストに複数のIPアドレスが割り当てられている必要があります。したがって、複数のネットワークインターフェースを用意するか、あるいはIPエイリアシングによって1つのネットワークインターフェースに複数のアドレスを割り当てておく必要があります。いずれにしても、とくにクラスCのネットワークではIPアドレスには限りがあるため、IPベースのバーチャルホストの使い道は、ファイアウォールに設定したマシンでインターネットとLANで別のWebサイトを公開したいといった場合などに限られるでしょう。

●IPベースのバーチャルホストはIPアドレスによってDocumentRootを振り分ける

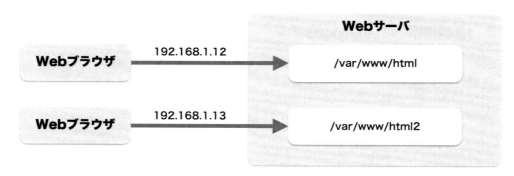

■名前ベースのバーチャルホスト

　HTTP/1.1（およびHTTP/1.0の拡張）では、HTTPクライアントはリクエスト時にHostヘッダ（アクセス先のサーバのホスト名を指定するヘッダ）を送る必要があります。名前ベースのバーチャルホストは、このホスト名を使用してDocumentRootディレクティブを振り分けています。この場合、DNSサーバでは、1つのIPアドレスに対して別名を割り当てておく必要があります。

●名前ベースのバーチャルホストはHOSTヘッダによってDocumentRootを振り分ける

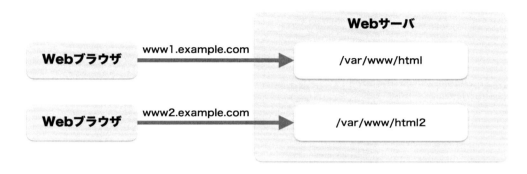

　なお、Web創成期の古いブラウザの場合、ホスト名を送ってこないものがありますが、その場合には名前ベースのバーチャルホストは機能しないことになります。

5-3-2　IPベースのバーチャルホスト

　まず、IPベースのバーチャルホストの設定方法について説明します。ここではWebサーバに「192.168.1.12」と「192.168.1.13」というIPアドレスが割り当てられているという前提で説明します。

■DNSの設定

　あらかじめDNSサーバのゾーンファイルでは、Aレコードを使用してIPアドレスごとにホスト名を割り当てておきます。

```
www1    IN      A       192.168.1.12
www2    IN      A       192.168.1.13
```

■<VirtualHost>ディレクティブの設定

　バーチャルホストは<**VirtualHost**>セクションディレクティブで設定します。IPベースのバーチャルホストの場合、次のようなディレクティブを設定すればよいでしょう。

```
<VirtualHost IPアドレス:80>
      ServerAdmin  サーバ管理者のメールアドレス
      DocumentRoot  公開するディレクトリのパス
      ServerName  サーバの名前
      ErrorLog  ログファイルのパス
      CustomLog  アクセスログのパス
</VirtualHost>
```

なお、<VirtualHost>ディレクティブ内でServerAdmin、ErrorLog、CustomLogを設定しなければ、httpd.confでそれ以前に記述されている値が使用されます。

次に、「www1.example.com」のDocumentRootをデフォルトの「/var/www/html」に、「www2.example.com」のDocumentRootを「/var/www/html2」に設定する例を示します。

●httpd.conf（IPベースのバーチャルホストの設定）
```
<VirtualHost 192.168.1.12:80>
      ServerAdmin webadmin@www.example.com
      ServerName www1.example.com
      DocumentRoot /var/www/html
</VirtualHost>


<VirtualHost 192.168.1.13:80>
      ServerAdmin webadmin@www.example.com
      ServerName www2.example.com
      DocumentRoot /var/www/html2
      ErrorLog logs/www1-error_log
      CustomLog logs/www2-access_log common
</VirtualHost>
```

■設定の確認

バーチャルホストの設定は「**httpd -S**」コマンドを実行すると確認できます。

```
# httpd -S (Enter)
VirtualHost configuration:
192.168.1.13:80        www1.example.com
(/etc/httpd/conf/httpd.conf:394)
```

```
192.168.1.12:80        www2.example.com
(/etc/httpd/conf/httpd.conf:388)
     ……以下略……
```

　以上で、「apachectl restart」コマンドを実行しApacheに設定を反映させれば、「http://www1.example.com」では/var/www/htmlディレクトリが、「http://www2.example.com」では/var/www/html2ディレクトリがアクセスされます。なお、ログファイルは自動的に作成されるためあらかじめ作成する必要はありません。

　必要があれば、<Directory "/var/www/html2">セクションを用意し、アクセス権限などを設定してください。

5-3-3　名前ベースのバーチャルホストの設定

　次に、名前ベースのバーチャルホストの設定方法について解説します。ここでは、あらかじめDNSサーバによって、IPアドレスが「192.168.1.12」のホストに対して、「www1.example.com」および「www2.example.com」という2つのホスト名が割り当てられているものとして説明します。

■DNSの設定

　DNSのゾーンファイルでは、CNAMEレコードで別名を設定します。

```
www1    IN      A       192.168.1.12
www2    IN      CNAME   www1      ←www1の別名として「www2」を設定
```

■<VirtualHost>ディレクティブの設定

　名前ベースのバーチャルホストの場合も<**VirtualHost**>セクションディレクティブの設定は、IPベースのバーチャルホストと基本的に同じです。ただし、IPアドレスはどちらも同じになることに注意してください。次に、前述のIPベースのバーチャルホストと同じ設定を、名前ベースのバーチャルホストとして記述した例を示します。

●httpd.conf（名前ベースのバーチャルホストの設定）
```
<VirtualHost 192.168.1.33:80>
    ServerAdmin webadmin@www.example.com
    ServerName www1.example.com
    DocumentRoot /var/www/html
</VirtualHost>
```

```
<VirtualHost 192.168.1.33:80>

    ServerAdmin webadmin@www.example.com

    ServerName vwww2.example.com

    DocumentRoot /var/www/html2

    ErrorLog logs/www2-error_log

    CustomLog logs/www2-access_log common

</VirtualHost>
```

　名前ベースのバーチャルホストの場合、「httpd -S」コマンドでは次のように表示されます。

```
# httpd -S  Enter
VirtualHost configuration:
192.168.1.33:80          is a NameVirtualHost
        default server www1.example.com
(/etc/httpd/conf/httpd.conf:389)
        port 80 namevhost www1.example.com
(/etc/httpd/conf/httpd.conf:389)
        port 80 namevhost www2.example.com
(/etc/httpd/conf/httpd.conf:395)
    ……以下略……
```

　以上で、「apachectl restart」コマンドを実行しApacheに設定を反映させれば、「http://www1.example.com」では/var/www/htmlが、「http://www2.example.com」では/var/www/html2ディレクトリがアクセスされます。

5-4 WordPressでブログサイトを公開する

本節では、Apacheの活用例として、WordPress（ワードプレス）を使用したブログサイトの構築方法を紹介します。WordPressは、圧倒的なシェアを誇るオープンソースのブログソフトウェアです。

5-4-1 WordPressの概要

WordPress（http://ja.wordpress.org）は、プログラミング言語にはPHPを使用し、ブログのデータはMySQL（もしくはその互換のデータベースソフト）のデータベースとして格納されます。そのため、WordPressを動作させるには「Apache + PHP + MySQL」の環境が必要になります。

■WordPressの特徴

次に、WordPressの特徴を簡単にまとめておきましょう。

・インストールが驚くほど簡単
・豊富で美しいテーマが利用可能
・プラグインによって機能を拡張できる
・各ページはクライアントからのアクセス時にダイナミック（動的）に生成される
・データベースソフトにはMySQL（もしくはその互換データベースソフト）を使用する
・標準でマルチバイト文字に対応している

5-4-2 MariaDBのインストールと初期設定

たいていのブログソフトは、記事データの管理に外部のリレーショナルデータベースを使用します。現在WordPressがサポートしているのはMySQLのみです。WordPressの設定の前に、あらかじめ、MySQLのデータベースを用意しユーザを登録しておく必要があります。

なお、CentOS 7ではライセンス上の配慮から本家のMySQLのパッケージを、公式リポジトリに用意していません。その代わりにMySQL互換データベースであるMariaDBが用意されています。MySQLを別のリポジトリからインストールすることも可能ですが、ここではCentOS標準のMariaDBを使用する方法について紹介しましょう。

第5章 覚えておきたいApacheの便利機能 | 131

■ MariaDB のインストール

MariaDB は、yum コマンドを使用して次のようにしてインストールします。

```
# yum install mariadb mariadb-server  Enter
    ……略……
```

念のため MariaDB の設定ファイル「/etc/my.cnf」を編集し、サーバ側とクライアント側の文字コードを「utf8」に揃えておきます。

●/etc/my.cnf （一部）

```
[mysqld]
datadir=/var/lib/mysql
socket=/var/lib/mysql/mysql.sock
    ……略……
character-set-server=utf8    ←追加

    ……略……
[client]
default-character-set=utf8    ←追加
```

■ php-mysql のインストール

WordPress には MySQL のための PHP 拡張である **php-mysql** モジュールが必要です。次のように yum コマンドでインストールします。

```
# yum install php-mysql  Enter
```

なお、本節で使用する php-mysql モジュールは、Apache の MPM がデフォルトの prefork に設定されていないと動作しません。

■ サービスの起動

インストールが完了したら次のようにして、MariaDB を CentOS のサービスとして登録して起動します。

```
# systemctl enable mariadb  Enter
# systemctl start mariadb  Enter
```

■mysql_secure_installation による初期設定

　次に、**mysql_secure_installation**コマンドを使用して、MariaDBのrootユーザのパスワードの設定といった初期設定を行います。

　対話形式の入力ですがrootユーザのパスワード設定の他は基本的に〔Enter〕を押すだけでかまいません。なお、ここでいう「root」はMariaDBの特権ユーザとしてのrootです。Linux側のrootとは別物ですので注意してください。

mysql_secure_installation 〔Enter〕

```
NOTE: RUNNING ALL PARTS OF THIS SCRIPT IS RECOMMENDED FOR ALL
MariaDB
        SERVERS IN PRODUCTION USE!  PLEASE READ EACH STEP CAREFULLY!


In order to log into MariaDB to secure it, we'll need the current
password for the root user.  If you've just installed MariaDB, and
you haven't set the root password yet, the password will be blank,
so you should just press enter here.


Enter current password for root (enter for none):
OK, successfully used password, moving on...


Setting the root password ensures that nobody can log into the
MariaDB
root user without the proper authorisation.


Set root password? [Y/n]  〔Enter〕
New password:     ←rootのパスワードを入力
Re-enter new password:     ←もう1度パスワードを入力
Password updated successfully!
Reloading privilege tables..
 ... Success!



By default, a MariaDB installation has an anonymous user, allowing
anyone
```

第5章　覚えておきたいApacheの便利機能 │ 133

to log into MariaDB without having to have a user account created for

them. This is intended only for testing, and to make the installation

go a bit smoother. You should remove them before moving into a

production environment.

Remove anonymous users? [Y/n] (Enter)

 ... Success!

Normally, root should only be allowed to connect from 'localhost'. This

ensures that someone cannot guess at the root password from the network.

Disallow root login remotely? [Y/n] (Enter)

 ... Success!

By default, MariaDB comes with a database named 'test' that anyone can

access. This is also intended only for testing, and should be removed

before moving into a production environment.

Remove test database and access to it? [Y/n] (Enter)

 - Dropping test database...

 ... Success!

 - Removing privileges on test database...

 ... Success!

Reloading the privilege tables will ensure that all changes made so far

will take effect immediately.

Reload privilege tables now? [Y/n] (Enter)

```
 ... Success!

Cleaning up...

All done!  If you've completed all of the above steps, your MariaDB
installation should now be secure.

Thanks for using MariaDB!
```

■ブログ用のデータベースを作成する

　続いてブログ用のデータベースを作成します。ここでは次のようなデータベース名とユーザ名/パスワードを設定するものとします。

・データベース名：wp_db
・ユーザ名：myself
・パスワード：mypasswd

　MySQL（MariaDB）の管理コマンドは**mysql**です。次のようにログインしてデータベースを作成します。

```
# mysql -u root -p  Enter
Enter password: ←rootのパスワードを入力
Welcome to the MariaDB monitor.  Commands end with ; or \g.
Your MariaDB connection id is 11
Server version: 5.5.52-MariaDB MariaDB Server

Copyright (c) 2000, 2016, Oracle, MariaDB Corporation Ab and
others.

Type 'help;' or '\h' for help. Type '\c' to clear the current input
statement.

MariaDB [(none)]> CREATE DATABASE wp_db;  Enter      ←①
Query OK, 1 row affected (0.00 sec)
```

```
MariaDB [(none)]> GRANT ALL PRIVILEGES ON wp_db.* TO
myself@localhost IDENTIFIED BY "mypasswd"; Enter        ←②
Query OK, 0 rows affected (0.00 sec)

MariaDB [(none)]> FLUSH PRIVILEGES; Enter
Query OK, 0 rows affected (0.00 sec)

MariaDB [(none)]> EXIT Enter
Bye
```

①の「CREATE DATABASE」文がデータベース「wp_db」の作成、②の「GRANT ALL PRIVILEGES」文が作成したデータベースに対するユーザとパスワードの設定です。

5-4-3 WordPressのインストールと初期設定

データベースの設定が完了したら、次にWordPress本体のインストールに移ります。

■ダウンロードとインストール

本稿では、ApacheのDocumentRootとして設定されている「**/var/www/html**」ディレクトリの下のwordpressディレクトリにWordPress本体をインストールするものとします。

WordPress日本語ローカルサイト（http://ja.wordpress.org）にアクセスし、最新版のtar.gz形式の圧縮ファイル（本稿執筆時点ではバージョン4.7.3）をダウンロードします。続いて、ダウンロードした圧縮ファイルをApacheのDocumentRootである/var/www/htmlディレクトリに展開します。

```
# tar -xvzf wordpress-4.7.3-ja.tar.gz -C /var/www/html Enter
wordpress/
wordpress/wp-comments-post.php
wordpress/wp-signup.php
```

これで/var/www/html/wordpress/ディレクトリにWordPressのファイル群が保存されます。

```
# ls /var/www/html/wordpress/ Enter
index.php          wp-blog-header.php      wp-includes
wp-settings.php
license.txt        wp-comments-post.php    wp-links-opml.php
wp-signup.php
```

```
readme.html         wp-config-sample.php   wp-load.php
wp-trackback.php
wp-activate.php     wp-content             wp-login.php
xmlrpc.php
wp-admin            wp-cron.php            wp-mail.php
```

次に、インストールしたディレクトリのオーナと所有グループを「apache」に設定します。

```
# cd /var/www/html  Enter
# sudo chown -R apache:apache wordpress/  Enter
```

■ WordPressの初期設定

続いて、WebブラウザからWordPressにアクセスして初期設定を行います。

1. Webブラウザで「http://localhost/wordpress」を開き、表示される画面で「さあ、始めましょう！」をクリックします。

2. 次の画面ではデータベース名、ユーザ名などを設定します。

第5章　覚えておきたいApacheの便利機能 | 137

- データベース名：wp_db（作成したデータベース）
- ユーザ名：設定したユーザ名
- パスワード：設定したパスワード
- データベースのホスト名：localhost
- テーブル接頭辞：wp_

3. 次の画面で「ファイルwp-config.phpに書き込めませんでした。」と表示されるので、エディタで/var/www/html/wordpress/wp-config.phpを作成し、テキストボックスの内容を貼り付けます（スーパーユーザの権限が必要です）。作成したwp-config.phpはWordPressの設定ファイルです。

4．「インストール実行」をクリックし、表示される「ようこそ」画面でブログのタイトルや、ユーザ名、パスワードなどを設定します。

5. 「WordPressをインストール」ボタンをクリックし、設定が完了すると「成功しました！」と表示されます。

5-4-4　記事を投稿する

以上で準備は完了です。テスト用に記事を投稿してみましょう。

1. ログイン画面でユーザ名とパスワードを入力して「ログイン」ボタンをクリックします。

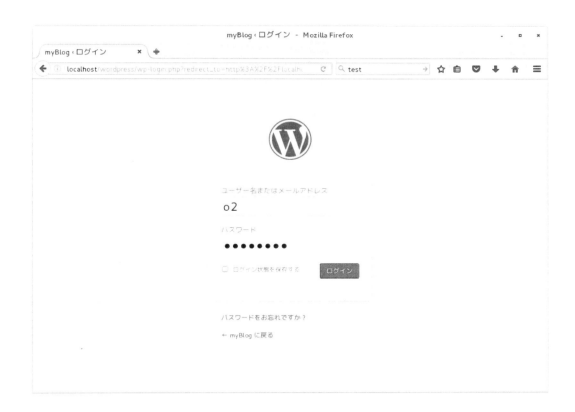

2．WordPressのダッシュボードが表示されます。

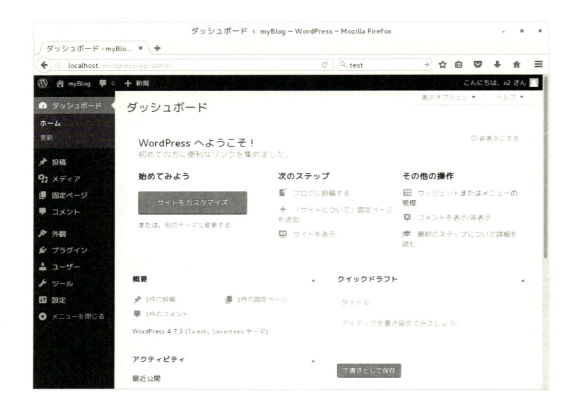

3.「ブログに投稿する」ボタンをクリックして、記事を入力します。

4.「公開」ボタンをクリックすると記事が公開されます。

■外部からアクセスできるようにするには

ローカルホストからアクセスできるのに、外部のホストからWordPressにアクセスできない場合には、サイトのアドレスが正しく設定されていない可能性があります。

WordPressの設定画面を開き、「設定」→「一般設定」で「WordPressアドレス」と「サイトのアドレス」が正しいかを確認してください。

著者紹介

大津 真 (おおつ まこと)

東京都生まれ。早稲田大学理工学部卒業後、外資系コンピューターメーカーにSEとして8年間勤務。現在はテクニカルライターとして活動。主な著書に『6日間で楽しく学ぶLinuxコマンドライン入門』（インプレスR&D）『Xcodeではじめる Swift プログラミング』（ラトルズ）『基礎Python』（インプレス）『3ステップでしっかり学ぶ JavaScript 入門』（技術評論社）、『MASTER OF Logic Pro X 』（ビー・エヌ・エヌ新社）などがある。

◎本書スタッフ
アートディレクター/装丁：岡田 章志＋GY
編集：向井 領治
デジタル編集：栗原 翔

●本書の内容についてのお問い合わせ先
株式会社インプレスR&D　メール窓口
np-info@impress.co.jp
件名に「『本書名』問い合わせ係」と明記してお送りください。
電話やFAX、郵便でのご質問にはお答えできません。返信までには、しばらくお時間をいただく場合があります。なお、本書の範囲を超えるご質問にはお答えしかねますので、あらかじめご了承ください。
また、本書の内容についてはNextPublishingオフィシャルWebサイトにて情報を公開しております。
http://nextpublishing.jp/

●落丁・乱丁本はお手数ですが、インプレスカスタマーセンターまでお送りください。送料弊社負担 にてお取り替え
させていただきます。但し、古書店で購入されたものについてはお取り替えできません。
■読者の窓口
インプレスカスタマーセンター
〒 101-0051
東京都千代田区神田神保町一丁目 105 番地
TEL 03-6837-5016／FAX 03-6837-5023
info@impress.co.jp
■書店／販売店のご注文窓口
株式会社インプレス受注センター
TEL 048-449-8040／FAX 048-449-8041

初めてのWebサーバ「Apache」CentOS 7編

2017年5月26日　初版発行Ver.1.0（PDF版）

著　者　大津 真
編集人　桜井 徹
発行人　井芹 昌信
発　行　株式会社インプレスR&D
　　　　〒101-0051
　　　　東京都千代田区神田神保町一丁目105番地
　　　　http://nextpublishing.jp/
発　売　株式会社インプレス
　　　　〒101-0051　東京都千代田区神田神保町一丁目105番地

●本書は著作権法上の保護を受けています。本書の一部あるいは全部について株式会社インプレスR
＆Dから文書による許諾を得ずに、いかなる方法においても無断で複写、複製することは禁じられてい
ます。

©2017 Otsu Makoto. All rights reserved.
印刷・製本　京葉流通倉庫株式会社
Printed in Japan

ISBN978-4-8443-9775-5

●本書はNextPublishingメソッドによって発行されています。
本書NextPublishingメソッドは株式会社インプレスR&Dが開発した、電子書籍と印刷書籍を同時発行できる
デジタルファースト型の新出版方式です。http://nextpublishing.jp/